Zur Theorie des Austauschproblems und der Remanenzerscheinung der Ferromagnetika

Habilitationsschrift

durch welche mit Genehmigung der Philosophischen Fakultät der Universität Leipzig zu seiner Sonnabend den 30. Januar 1932 um 11 Uhr im Hörsaal des Institutes für theoretische Physik stattfindenden Probevorlesung über

Probleme des Atomkernbaues

ergebenst einladet

Dr. phil. **Felix Bloch**

Sonderabdruck aus „Zeitschrift für Physik", Band 74, Heft 5/6

Springer-Verlag Berlin Heidelberg GmbH 1932

ISBN 978-3-662-40658-8   ISBN 978-3-662-41138-4 (eBook)
DOI 10.1007/978-3-662-41138-4

Die Slatersche Methode zur Behandlung der Austauschaufspaltung und Termsystemeinteilung beim Mehrkörperproblem wird analog zur Jordan-Kleinschen Theorie umgeformt in eine nichtlineare Wellengleichung im dreidimensionalen Raum, wobei das Absolutquadrat der Wellenfunktion anschaulich als „Spindichte" gedeutet werden kann (§ 1 und 2). Vernachlässigt man den q-Zahlcharakter der Wellenfunktion, so stellt die Wellengleichung analog zur Hartreeschen Methode eine klassisch-anschauliche Annäherungsgleichung für das Verhalten der Spindichte dar, die zur Diskussion der Remanenz- und Hystereseserscheinungen verwendet wird (§ 4 und 5). Ferner wird im Anschluß an das statistische Problem ein Zusammenhang zwischen den Wahrscheinlichkeiten der verschiedenen Konfigurationen eines Systems bei einer bestimmten Temperatur und den Kennardschen Transformationsfunktionen aufgestellt (§ 3).

§ 1. Die Hamiltonfunktion des Austauschproblems.

Die Slatersche Methode[1]) zur Behandlung des Mehrkörperproblems hat gegenüber den früher verwendeten Methoden, die an die Theorie der Permutationsgruppe anknüpfen, den Vorteil, daß sie von Anfang an das Ausschließungsprinzip berücksichtigt, und dadurch, indem sie den größten Teil der möglichen Permutationsklassen ausschließt, eine große Vereinfachung erzielt. Sie wurde bereits früher vom Verfasser für das Problem des Ferromagnetismus[2]), ferner von Born[3]), Weyl[4]), Heitler[5]) u. a. für die Quantentheorie der homöopolaren Valenz verwendet.

Die Säkulargleichung des Austausches lautet in der von Slater gegebenen Form[6]):

$$\varepsilon \alpha (f_1 \ldots f_r) + \sum_{f'_1 \ldots f'_r} J_{st} [\alpha (f'_1 \ldots f'_r) - \alpha (f_1 \ldots f_r)] = 0. \quad (1)$$

Hierbei sind $f_1 \ldots f_r$ die Zellen (stationären Zustände), an denen sich die r nach rechts orientierten Spins befinden, ε bis auf die additive Kon-

---

[1]) J. C. Slater, Phys. Rev. **34**, 1293, 1929.
[2]) F. Bloch, ZS. f. Phys. **57**, 545, 1929; **61**, 206, 1930.
[3]) M. Born, ebenda **64**, 729, 1930.
[4]) H. Weyl, Göttinger Nachr. 1930, S. 285; 1931, S. 33.
[5]) W. Heitler u. G. Rumer, ZS. f. Phys. **68**, 12, 1931.
[6]) Vgl. F. Bloch, l. c.

stante $-\frac{1}{2}\sum_{s \neq t} J_{st}$ die Störungsenergie erster Näherung. In der Summe über $(f'_1 \ldots f'_r)$ sind diejenigen Verteilungen der Spins auf die Zellen zu nehmen, die aus $(f_1 \ldots f_r)$ durch Vertauschung zweier entgegengesetzt orientierter Spins hervorgehen. In der Summe hat als Faktor das Austauschintegral J_{st} zwischen den Zellen s und t zu stehen, zwischen denen der betreffende Spinaustausch stattgefunden hat.

Wir stellen uns nun die Aufgabe, die Gl. (1) in einer solchen Form zu schreiben, daß die etwas unangenehme Bedingung, der die aus $(f_1 \ldots f_r)$ hervorgehenden Verteilungen $(f'_1 \ldots f'_r)$ genügen müssen, nicht mehr explizit auftritt, wodurch das Problem, wie uns scheint, sehr an Übersichtlichkeit gewinnt.

Zu diesem Zweck führen wir zunächst wegen der Ununterscheidbarkeit gleichorientierter Spins statt der in (1) verwendeten Charakterisierung der Koeffizienten α durch die Angabe, an welcher Zelle sich jeder einzelne Spin befindet, die *Anzahlen* N_f der nach rechts und n_f der nach links orientierten Spins in der Zelle f ein. So ist z. B. die Verteilung $(f_1 \ldots f_r)$ gegeben durch die Angabe, daß die Zahlen $N_{f_1} = N_{f_2} = \cdots = N_{f_r} = 1$, die übrigen N_f gleich Null, und gleichzeitig die Zahlen $n_{f_1} = n_{f_2} = \cdots = n_{f_r} = 0$, die übrigen n_f gleich Eins zu setzen sind. Offenbar treten immer nur solche Zahlenpaare $(N_f n_f)$ auf, von denen die eine Zahl gleich Null, die andere Zahl gleich Eins ist. Die Gesamtzahl der Zellen bezeichnen wir mit Z.

Ähnlich wie beim Übergang von der klassischen zur Einstein-Bose-Statistik[1]) hat man beim Übergang zu den neuen Argumenten $N_f n_f$ zu setzen:

$$\alpha(f_1 \ldots f_r) = \sqrt{\frac{\prod_{f=1}^{Z} N_f! \, n_f!}{N! \, n!}} \, a(N_f n_f). \qquad (2)$$

Dabei steht $(N_f n_f)$ für sämtliche Zahlenpaare $(N_1 n_1), (N_2 n_2), \ldots (N_Z n_Z)$ und es ist

$$N = \sum_{f=1}^{Z} N_f = r, \qquad n = \sum_{f=1}^{Z} n_f = Z - r,$$

d. h. gleich der Gesamtzahl der nach rechts bzw. nach links orientierten Spins.

---

[1]) P. A. M. Dirac, Proc. Roy. Soc. London (A) **114**, 243, 1927.

Seien nun Δ_f^+ und Δ_f^- Operatoren mit der Eigenschaft, angewandt auf eine Funktion von N_f im Argument aus N_f: N_f+1 bzw. N_f-1 zu machen, d. h. es sei

$$\left.\begin{aligned} \Delta_f^+ a(N_f\,n_f) &= a(N_f+1,\,n_f),\\ \Delta_f^- a(N_f\,n_f) &= a(N_f-1,\,n_f),\\ \delta_f^+ a(N_f\,n_f) &= a(N_f,\,n_f+1),\\ \delta_f^- a(N_f\,n_f) &= a(N_f,\,n_f-1). \end{aligned}\right\} \quad (3)$$

und entsprechend

Dann läßt sich Gleichung (1) mit Benutzung von (2) in der Form schreiben:

$$\varepsilon \sqrt{\frac{\prod\limits_{f=1}^{Z} N_f!\,n_f!}{N!\,n!}}\, a(N_f\,n_f) = -\frac{1}{2}\sum_{s\,\neq\,t} J_{st}\{N_s n_t (\Delta_s^- \Delta_t^+ \delta_t^- \delta_s^+ - 1)$$
$$+ n_s N_t (\delta_s^- \delta_t^+ \Delta_t^- \Delta_s^+ - 1)\} \sqrt{\frac{\prod\limits_{f=1}^{Z} N_f!\,n_f!}{N!\,n!}}\, a(N_f\,n_f). \quad (4)$$

Um sich die Äquivalenz von (4) mit (1) klarzumachen, sei z. B. angenommen, daß ursprünglich, d. h. auf der linken Seite der Gleichung, in der Zelle s ein nach rechts, in der Zelle t ein nach links orientierter Spin sitzen möge; es sei also ursprünglich $N_s=1$, $n_s=0$; $N_t=0$, $n_t=1$.

Dann bedeutet der Operator $\Delta_s^- \Delta_t^+ \delta_t^- \delta_s^+$ offenbar, daß in der Zelle s ein Rechtsspin weggenommen und ein Linksspin zugefügt und gleichzeitig in der Zelle t ein Linksspin weggenommen und ein Rechtsspin zugefügt werden soll, d. h. Vertauschung zweier entgegengesetzt orientierter Spins, wie es die Slatersche Gleichung (1) verlangt. Der Faktor $N_s n_t$ in (4) sorgt dafür, daß diese Vertauschung nur vorgenommen wird, wenn $N_s=1$, $n_s=0$ und $N_t=0$, $n_t=1$ und nicht, wenn $N_s=0$, $n_s=1$ oder $N_t=1$, $n_t=0$. Damit ist der Nebenbedingung in der Summation über $(f'_1\ldots f'_r)$ in (1) Rechnung getragen.

Entsprechend besorgt der zweite Summand auf der rechten Seite von (4) die umgekehrte Vertauschung, sofern sie möglich ist. Dadurch, daß man von den Vertauschungsoperatoren noch 1 abzieht, werden die Glieder $-J_{st} \alpha(f_1\ldots f_r)$ in (1) berücksichtigt.

Berücksichtigt man nun die Relationen (3), d. h. die Vertauschungsrelationen

$$\left.\begin{aligned} \Delta_f^+ N_{f'} - N_{f'}\Delta_f^+ &= \delta_{ff'}\Delta_f^+, & \delta_f^+ n_{f'} - n_{f'}\delta_f^+ &= \delta_{ff'}\delta_f^+,\\ \Delta_f^- N_{f'} - N_{f'}\Delta_f^- &= -\delta_{ff'}\Delta_f^-, & \delta_f^- n_{f'} - n_{f'}\delta_f^- &= -\delta_{ff'}\delta_f^- \end{aligned}\right\}^{1)} \quad (5)$$

---

[1]) $\delta_{ff'}$ ist das bekannte Weierstrasssche Symbol:
$$\delta_{ff'} = \begin{cases} 1, & \text{wenn } f=f'\\ 0, & \text{,, } f\neq f'. \end{cases}$$

und dividiert beide Seiten von (4) durch den links stehenden Wurzelfaktor, so wird daraus

$$\varepsilon a(N_f n_f) = -\tfrac{1}{2}\sum_{s \neq t} J_{st} \{\sqrt{N_s n_t (N_t + 1)(n_s + 1)}\, \Delta_s^- \Delta_t^+ \delta_t^- \delta_s^+ - N_s n_t$$
$$+ \sqrt{n_s N_t (n_t + 1)(N_s + 1)}\, \delta_s^- \delta_t^+ \Delta_t^- \Delta_s^+ - n_s N_t\} a(N_f n_f).$$

Dies nimmt eine besonders einfache Form an, wenn man statt der N und Δ, bzw. n und δ die neuen kanonisch konjugierten Größen

bzw.
$$\varphi_f = N_f^{1/2} \Delta_f^- \quad \text{und} \quad \varphi_f^* = \Delta_f^+ N_f^{1/2}$$
$$\psi_f = n_f^{1/2} \delta_f^- \quad \text{und} \quad \psi_f^* = \delta_f^+ n_f^{1/2}$$
(6)

einführt, mit den aus (5) folgenden Vertauschungsrelationen

$$\varphi_f^* \varphi_{f'} - \varphi_{f'} \varphi_f^* = \delta_{ff'}, \qquad \psi_f^* \psi_{f'} - \psi_{f'} \psi_f^* = \delta_{ff'}. \qquad (6')$$

Man kann auch, wie bei Dirac, l. c., setzen

$$\varphi_f = N_f^{1/2} e^{i\Theta_f}, \qquad \varphi_f^* = e^{-i\Theta_f} N_f^{1/2},$$
$$\psi_f = n_f^{1/2} e^{i\vartheta_f}, \qquad \psi_f^* = e^{-i\vartheta_f} n_f^{1/2},$$
(6'')

wobei die Phasen Θ_f und ϑ_f kanonisch konjugiert zu den Größen N_f bzw. n_f sind.

Nun wird aus (4)

$$\varepsilon a(N_f n_f) = \tfrac{1}{2} \sum_{s \neq t} J_{st} (\varphi_s \psi_t - \psi_s \varphi_t)(\varphi_s^* \psi_t^* - \psi_s^* \varphi_t^*) a(N_f n_f). \qquad (7)$$

Hierbei ist natürlich auf die Reihenfolge der Faktoren zu achten.

Das Slatersche Problem ist also äquivalent der Lösung einer Schrödingergleichung mit der Hamiltonfunktion

$$H = \tfrac{1}{2} \sum_{s \neq t} J_{st} (\varphi_s \psi_t - \psi_s \varphi_t)(\varphi_s^* \psi_t^* - \psi_s^* \varphi_t^*). \qquad (8)$$

An Stelle der Differenzengleichung (7), d. h.

$$\varepsilon a(N_f n_f) = \tfrac{1}{2} \sum_{s \neq t} J_{st} (\sqrt{N_s n_t}\, \Delta_s^- \delta_t^- - \sqrt{n_s N_t}\, \delta_s^- \Delta_t^-)(\Delta_s^+ \delta_t^+ \sqrt{N_s n_t}$$
$$- \delta_s^+ \Delta_t^+ \sqrt{n_s N_t})\, a(N_f n_f), \qquad (7')$$

kann man auch eine Differentialgleichung erhalten, wenn man setzt

$$\varphi_f = x_f, \qquad \varphi_f^* = \frac{\partial}{\partial x_f},$$
$$\psi_f = y_f, \qquad \psi_f^* = \frac{\partial}{\partial y_f},$$
(9)

wodurch natürlich die Vertauschungsrelationen (6′) auch erfüllt sind. Man erhält dann

$$\varepsilon F(x_f y_f) = \frac{1}{2} \sum_{s \neq t} J_{st} (x_s y_t - y_s x_t) \left(\frac{\partial^2}{\partial x_s \partial y_t} - \frac{\partial^2}{\partial y_s \partial x_t} \right) F(x_f y_f). \quad (10)$$

Man überzeugt sich auch leicht, daß F nichts anderes ist, als die erzeugende Funktion der Koeffizienten $a(N_f n_f) = \alpha(f_1 \ldots f_r)$, d. h. daß

$$F(x_f y_f) = \sum_{n_f, N_f} a(N_f n_f) \prod_{f=1}^{Z} x_f^{N_f} y_f^{n_f} \quad (10')$$

st, und daß man auf diese Weise aus der Gleichung (10) wieder die ursprünglich Slatersche Gleichung (1) zurückgewinnt.

§ 2. *Drehinvarianz der Hamiltonfunktion und die Bewegungsintegrale.*
Die auf der Paulischen Theorie des Spinelektrons fußende Slatersche Methode zeichnet in derselben Weise scheinbar ein Koordinatensystem aus wie die erstere, indem sie die Spinorientierung in bezug auf eine bestimmte Achse (in unserer Sprechweise: „nach rechts") nimmt. Selbstverständlich muß ihre tatsächliche Unabhängigkeit vom Koordinatensystem ebenso folgen wie die der Paulischen Theorie, doch ist das in der ursprünglichen Slaterschen Form (1) nicht ohne weiteres zu sehen. Dagegen folgt es unmittelbar aus der Invarianz unserer Hamiltonfunktion (8) gegen Drehung.

Die in ihr auftretenden Größen φ und ψ spielen nämlich genau dieselbe Rolle, wie die Paulischen Funktionen ψ_α und ψ_β, die sich auf die beiden möglichen Einstellungen des Spins beziehen. Diese transformieren sich bei einer Drehung des Koordinatensystems gemäß den Formeln[1])

$$\begin{aligned}\psi'_\alpha &= \alpha \psi_\alpha + \beta \psi_\beta, \\ \psi'_\beta &= \gamma \psi_\alpha + \delta \psi_\beta, \end{aligned} \Bigg\} \quad (11)$$

wo

$$\begin{pmatrix} \alpha & \beta \\ \gamma & \delta \end{pmatrix} = \begin{pmatrix} \cos \dfrac{\vartheta}{2} e^{i\frac{\Phi+\Psi}{2}}, & i \sin \dfrac{\vartheta}{2} e^{-i\frac{\Phi-\Psi}{2}}, \\ i \sin \dfrac{\vartheta}{2} e^{i\frac{\Phi-\Psi}{2}}, & \cos \dfrac{\vartheta}{2} e^{-i\frac{\Phi+\Psi}{2}} \end{pmatrix}$$

die Cayley-Kleinsche unimodulare Matrix mit den Eulerschen Drehwinkeln Φ, Ψ, ϑ bedeutet. Setzt man nun entsprechend

$$\begin{aligned} \varphi'_f &= \alpha \varphi_f + \beta \psi_f, & \varphi'^*_f &= \alpha^* \varphi^*_f + \beta^* \psi^*_f, \\ \psi'_f &= \gamma \varphi_f + \delta \psi_f, & \psi'^*_f &= \gamma^* \varphi^*_f + \delta^* \psi^*_f, \end{aligned} \Bigg\} \quad (12)$$

wo $\alpha^*, \beta^*, \gamma^*, \delta^*$ die konjugiert Komplexen von $\alpha, \beta, \gamma, \delta$ bedeuten, so sind die Größen φ', φ'^* und ψ', ψ'^* wieder kanonisch konjugiert, d. h. es gelten

---

[1]) W. Pauli. ZS. f. Phys. **43**, 601, 1927.

für sie dieselben Vertauschungsregeln (6'), wie für die φ, φ^* und ψ, ψ^*. Ferner ist aber die Hamiltonfunktion (8) invariant gegenüber der Transformation (12), denn es ist

$$\varphi_s'\psi_t' - \psi_s'\varphi_t' = (\alpha\varphi_s + \beta\psi_s)(\gamma\varphi_t + \delta\psi_t) - (\gamma\varphi_s + \delta\psi_s)(\alpha\varphi_t + \beta\psi_t)$$
$$= (\alpha\delta - \beta\gamma)(\varphi_s\psi_t - \psi_s\varphi_t) = \varphi_s\psi_t - \psi_s\varphi_t$$

und ebenso

$$\varphi_s'^*\psi_t'^* - \psi_s'^*\varphi_t'^* = \varphi_s^*\psi_t^* - \psi_s^*\varphi_t^*.$$

Aus dieser Invarianz der Hamiltonfunktion schließt man nun unmittelbar in der bekannten Weise durch infinitesimale Drehungen um die drei Achsen, daß die drei Größen

$$\left.\begin{array}{l}\dfrac{h}{2\pi}\dfrac{1}{2}\displaystyle\sum_{s=1}^{Z}(\varphi_s\varphi_s^* - \psi_s\psi_s^*) = m_z,\\[6pt]\dfrac{h}{2\pi}\dfrac{1}{2}\displaystyle\sum_{s=1}^{Z}(\varphi_s\psi_s^* + \psi_s\varphi_s^*) = m_x,\\[6pt]\dfrac{h}{2\pi}\dfrac{1}{2i}\displaystyle\sum_{s=1}^{Z}(\varphi_s\psi_s^* - \psi_s\varphi_s^*) = m_y,\end{array}\right\} \quad (13)$$

d. h. die Komponenten des Spindrehimpulses Integrale der Bewegung, d. h. vertauschbar mit H sind.

Man hat hierbei nur zu bedenken, daß z. B. bei einer infinitesimalen Drehung um die x-Achse um den Winkel ε ($\Phi = \Psi = 0$, $\vartheta = \varepsilon$) die Größen φ und ψ die Variationen

$$\delta\varphi = i\frac{\varepsilon}{2}\psi, \qquad \delta\psi = i\frac{\varepsilon}{2}\varphi$$

erfahren und irgendeine Funktion f von ihnen die Variation

$$\delta f = \varepsilon\frac{\partial f}{\partial\vartheta} = \sum_{s=1}^{Z}\left(i\frac{\varepsilon}{2}\psi_s\frac{\partial}{\partial\varphi_s} + i\frac{\varepsilon}{2}\varphi_s\frac{\partial}{\partial\psi_s}\right)f$$

oder wegen (9)

$$\varepsilon\frac{\partial f}{\partial\vartheta} = \sum_{s=1}^{Z}i\frac{\varepsilon}{2}(\psi_s\varphi_s^* + \varphi_s\psi_s^*)f.$$

Ist nun speziell $f \equiv H$ und mithin drehinvariant, so läßt die Ausübung des Operators

$$m_x = \frac{h}{2\pi i}\frac{\partial}{\partial\vartheta} = \frac{1}{2}\frac{h}{2\pi}\sum_{s=1}^{Z}(\psi_s\varphi_s^* + \varphi_s\psi_s^*)$$

von links her den Operator H unverändert, d. h. es gilt

$$m_x H - H m_x = 0.$$

Zur Theorie des Austauschproblems und der Remanenzerscheinung usw. 301

Entsprechend folgt die Vertauschbarkeit von m_y und m_x mit H mittels der infinitesimalen Drehungen um die y- und z-Achse:

$$\Psi = -\Phi = \frac{\pi}{2}, \quad \vartheta = \varepsilon \quad \text{bzw.} \quad \vartheta = \Phi = 0, \quad \Psi = \varepsilon.$$

Ebenso wie die Komponenten (13) des Gesamtspindrehimpulses lassen sich auch die Spindrehimpulse der einzelnen Zellen s

$$m_z^s = \frac{1}{2}\frac{h}{2\pi}\sigma_z^s = \frac{1}{2}\frac{h}{2\pi}(\varphi_s\varphi_s^* - \psi_s\psi_s^*),$$

$$m_x^s = \frac{1}{2}\frac{h}{2\pi}\sigma_x^s = \frac{1}{2}\frac{h}{2\pi}(\varphi_s\psi_s^* + \psi_s\varphi_s^*),$$

$$m_y^s = \frac{1}{2}\frac{h}{2\pi}\sigma_y^s = \frac{1}{2i}\frac{h}{2\pi}(\varphi_s\psi_s^* - \psi_s\varphi_s^*)$$

definieren. Mit ihrer Benutzung wird aus (8)

$$H = \tfrac{1}{4}\sum_{s \neq t} J_{st}[(\varphi_s\varphi_s^* + \psi_s\psi_s^*)(\varphi_t\varphi_t^* + \psi_t\psi_t^*) - (\sigma^s\sigma^t)]$$

$$= \tfrac{1}{4}\sum_{s \neq t} J_{st}[1 - (\sigma^s\sigma^t)],$$

wo σ den Vektor mit den Komponenten $(\sigma_x, \sigma_y, \sigma_z)$ bedeutet, da $\varphi_s\varphi_s^* + \psi_s\psi_s^*$, die Gesamtzahl der Spins in der Zelle s gleich Eins zu setzen ist. In dieser Form ist die Hamiltonfunktion des Austausches bereits früher von Dirac[1]) durch Untersuchung der dynamischen Eigenschaften der Permutationsoperatoren aufgestellt worden. Wir bevorzugen jedoch im folgenden die direkt an die anschauliche Slatersche Methode anknüpfende „Spinor"-Schreibweise (8) gegenüber der Diracschen mittels der Drehimpulsvektoren.

Wir berechnen noch mit Hilfe von (13) den Operator

$$s^2 = m_x^2 + m_y^2 + m_z^2.$$

Da

$$Z = \sum_s (\varphi_s\varphi_s^* + \psi_s\psi_s^*)$$

gleich der Gesamtzahl der vorhandenen Spins oder Zellen ist, gilt

$$\left(\frac{4\pi s}{h}\right)^2 - Z^2 = \sum_{s\,t}(\varphi_s\varphi_s^* - \psi_s\psi_s^*)(\varphi_t\varphi_t^* - \psi_t\psi_t^*) + (\varphi_s\psi_s^* + \psi_s\varphi_s^*)(\varphi_t\psi_t^* + \psi_t\varphi_t^*)$$

$$- (\varphi_s\psi_s^* - \psi_s\varphi_s^*)(\varphi_t\psi_t^* - \psi_t\varphi_t^*) - (\varphi_s\varphi_s^* + \psi_s\psi_s^*)(\varphi_t\varphi_t^* + \psi_t\psi_t^*)$$

$$= 2\sum_{s \neq t}(\varphi_s\psi_s^*\psi_t\varphi_t^* + \psi_s\varphi_s^*\varphi_t\psi_t^*) - (\varphi_s\varphi_s^*\psi_t\psi_t^* + \psi_s\psi_s^*\varphi_t\varphi_t^*)$$

$$+ 2\sum_s (\varphi_s\psi_s^*\psi_s\varphi_s^* + \psi_s\varphi_s^*\varphi_s\psi_s^*) - (\varphi_s\varphi_s^*\psi_s\psi_s^* + \psi_s\psi_s^*\varphi_s\varphi_s^*)$$

$$= -2\sum_{s \neq t}(\varphi_s\psi_t - \psi_s\varphi_t)(\varphi_s^*\psi_t^* - \psi_s^*\varphi_t^*) + 2\sum_s(\varphi_s\varphi_s^* + \psi_s\psi_s^*),$$

---

[1]) P. A. M. Dirac, Proc. Roy. Soc. London (A) **123**, 714, 1929.

das letztere wegen (6). Oder

$$\frac{Z}{2}\left(\frac{Z}{2}+1\right)-\left(\frac{2\pi s}{h}\right)^2 = \frac{1}{2}\sum_{s\neq t}(\varphi_s\psi_t - \psi_s\varphi_t)(\varphi_s^*\psi_t^* - \psi_s^*\varphi_t^*). \quad (13')$$

Der rechtsstehende Ausdruck stimmt genau mit der Hamiltonfunktion (8) überein, wenn man dort sämtliche Austauschintegrale $J_{st} = 1$ setzt. In diesem Falle ist der Schwerpunkt aller zum Termsystem s gehörigen Energien offenbar

$$\overline{\varepsilon}'_s = \frac{Z}{2}\left(\frac{Z}{2}+1\right) - s(s+1),$$

da $(2\pi s/h)^2$ die Eigenwerte $s(s+1)$ hat. Andererseits muß allgemein der Energieschwerpunkt, da er linear und symmetrisch in den Austauschintegralen sein muß, proportional ihrer Summe $\sum_{st} J_{st}$ sein. Also muß der zum Termsystem s gehörige Schwerpunkt gegeben sein durch

$$\overline{\varepsilon}_s = \overline{\varepsilon}'_s \cdot \frac{\sum_{s\neq t} J_{st}}{Z(Z-1)} = \frac{Z(Z+2)-4s(s+1)}{2Z(Z-1)}\frac{1}{2}\sum_{s\neq t} J_{st}.$$

Dies ist bis auf die von Anfang an weggelassene additive Konstante

$$-\frac{1}{2}\sum_{s\neq t} J_{st}$$

die bereits mehrfach auf anderem Wege hergeleitete Heitlersche Schwerpunktsformel.

Aus dem Bestehen der Integrale (13) folgt sofort, in welcher Beziehung diejenigen Lösungen der Slaterschen Gleichungen stehen, die „durch Drehung" auseinander hervorgehen, d. h. die zu demselben Energiewert und demselben Termsystem, aber zu verschiedenen magnetischen Spinquantenzahlen gehören.

Wenden wir nämlich in Gleichung (10) auf beiden Seiten von links her den Operator

$$\sum_f \varphi_f \psi_f^* = \sum_f x_f \frac{\partial}{\partial y_f}$$

an, so folgt, da er auch mit H vertauschbar ist, daß, falls $F(x_f y_f)$ eine Lösung von (10) ist,

$$\sum_f x_f \frac{\partial}{\partial y_f} F(x_f y_f) \quad (14)$$

entweder verschwinden oder auch eine Lösung sein muß.

Ist nun $F(x_f y_f)$ erzeugende Funktion einer Lösung der Slaterschen Gleichung, so darf sie in jedem Summanden von (10') $x_f^{N_f} y_f^{n_f}$ nur in der Form $x_f^1 y_f^0$ oder $x_f^0 y_f^1$ enthalten, und es muß, falls sie zur Zahl r der nach rechts orientierten Spins gehört,

$$\sum_f N_f = r, \qquad \sum_f n_f = Z - r$$

sein. Die Ausübung von $\sum_f x_f \dfrac{\partial}{\partial y_f}$ erzeugt nun aus einem Glied der Summe (10) die Summe aller derer, die durch Ersetzen eines y durch ein x, d. h. durch Ersetzen eines Linksspins durch einen Rechtsspin entstehen. Die so entstehende, zu $r-1$ gehörige Lösung lautet also:

$$\alpha(f_1 \ldots f_{r-1}) = {\sum_{f_r}}' \alpha(f_1 \ldots f_{r-1}, f_r),$$

wobei in Σ' über alle $f_r \neq f_1 \ldots f_{r-1}$ zu summieren ist.

Gehört die Lösung $\alpha(f_1 \ldots f_{r-1}, f_r)$ zum Termsystem

$$s = \frac{Z}{2} - r, \quad \left(r \leqq \frac{Z}{2}\right),$$

so muß (14) natürlich verschwinden, da eine solche Lösung keinen Beitrag zu den Lösungen mit größerem Wert von m, der magnetischen Quantenzahl, d. h. kleinerem Wert von r, liefern kann.

Die Bedingung, daß, falls $F(x_f y_f)$ zum Termsystem $s = Z/2 - r$ gehört,

$$\sum_f x_f \frac{\partial}{\partial y_f} F(x_f y_f) = 0$$

sein muß, besagt, daß dann F irgendeine Funktion der y_f sowie der Größen

$$\frac{x_f}{y_f} - \frac{x_{f'}}{y_{f'}}$$

sein muß.

Solche Lösungen, die in den x vom Grade r, in den y vom Grade $Z-r$ sind, erhält man z. B., wenn man im Produkt $\prod_f y_f$ r verschiedene Paare $y_s y_t$ durch $x_s y_t - x_t y_s$ ersetzt. Die Reduktion nach Termsystemen ist geleistet, sobald es gelingt, aus den so erhaltenen Lösungen so viele linear unabhängige zu bilden, als das betreffende Termsystem Terme enthält; dies kann freilich praktisch sehr mühsam sein.

Man kann im Sinne von Weyl (Göttinger Ber., l. c.) den Ausdruck $x_s y_t - x_t y_s$ als das mathematische Symbol des „homöopolaren Valenzstriches" zwischen den Zellen s und t interpretieren, da es in der Tat auf die

Antiparallelstellung der Spins in den Zellen s und t, d. h. nach der Hypothese von Heitler und London, auf eine abgesättigte homöopolare Valenz hinweist.

Neben den oben diskutierten Integralen, die aus der Drehinvarianz der Hamiltonfunktion folgen, besitzt diese noch Z wichtige Integrale, die besagen, daß die Zahl der Spins in einer Zelle konstant ist. Soll die hier geschilderte Methode sinnvoll sein, so ist das auch unbedingt zu fordern, da man von dieser Zahl $N_f + n_f$ nicht nur weiß, daß sie konstant, sondern sogar, daß sie immer gleich Eins ist.

Daß $N_f + n_f$, d. h. nach (6)

$$\varphi_f \varphi_f^* + \psi_f \psi_f^* \tag{15}$$

tatsächlich ein Integral ist, sieht man sofort, wenn man bedenkt, daß die Hamiltonfunktion (8) nicht nur invariant gegenüber der Cayley-Kleinschen Transformation (11) *sämtlicher* φ und ψ mit derselben Matrix

$$\begin{pmatrix} \alpha & \beta \\ \gamma & \delta \end{pmatrix},$$

sondern außerdem noch invariant ist gegenüber der Transformation

$$\varphi_f' = e^{i\tau_f} \varphi_f, \qquad \varphi_f'^* = e^{-i\tau_f} \varphi_f^*,$$
$$\psi_f' = e^{i\tau_f} \psi_f, \qquad \psi_f'^* = e^{-i\tau_f} \psi_f^*$$

mit unabhängigen τ_f für jedes beliebige f. Die Invarianz gegenüber einer derartigen infinitesimalen Transformation

$$\delta\varphi = i\varepsilon\varphi, \qquad \delta\psi = i\varepsilon\psi$$

liefert dann nämlich das Bestehen der Integrale (15). Von ihrer Vertauschbarkeit mit H kann man sich übrigens sofort auch direkt überzeugen.

Wir möchten noch zeigen, wie aus der Form der Hamiltonfunktion (8) sofort der früher von Teller[1]) bewiesene und für die Theorie des Ferromagnetismus wichtige Satz folgt, daß, falls alle Austauschintegrale positiv sind, auch sämtliche Eigenwerte der Slaterschen Gleichung positiv sind und daß mithin der stets vorkommende Eigenwert $\varepsilon = 0$ der tiefste ist.

Dies folgt nämlich unmittelbar aus der Tatsache, daß nach (6″) die Größen φ, φ^* und ψ, ψ^* als Paare konjugiert Komplexer aufgefaßt werden können. In (8) stehen dann lauter positive Glieder, da $\varphi_s \psi_t - \psi_s \varphi_t$

---

[1]) E. Teller, ZS. f. Phys. **62**, 102, 1930.

und $\varphi_s^* \psi_t^* - \psi_s^* \varphi_t^*$ natürlich auch konjugiert komplex sind, d. h. die ganze Hamiltonfunktion und damit die Energie ist positiv[1]).

§ 3. Über die Zustandssumme und ihren Zusammenhang mit den Bewegungsgleichungen. Für das Problem des Ferromagnetismus sind nicht so sehr die einzelnen Eigenwerte und Eigenlösungen der Slaterschen Gleichung (1) von Bedeutung, als vielmehr die Zustandssumme

$$S = \sum_\varepsilon e^{-\frac{\varepsilon}{kT}},$$

oder, wie wir später bei der Diskussion der Frage nach der Remanenz sehen werden, etwa die Wahrscheinlichkeit gewisser Verteilungen der Spins im Kristall im thermischen Gleichgewicht, die ebensowenig wie S in direktem Zusammenhang mit den *einzelnen* stationären Zuständen steht.

Wir wollen hier zeigen, daß man in der Tat zur Beantwortung mancher Fragen die Kenntnis der stationären Zustände prinzipiell nicht benötigt; z. B. kann man auch ohne sie sehen, inwiefern die mehrfach geäußerte Vermutung berechtigt ist, daß man für das Problem des Ferromagnetismus einfach, ähnlich wie in den von Ising[2]) früher für die lineare Kette gemachten Rechnungen, die klassische Statistik anwenden darf, indem man als Wechselwirkungsenergie zweier benachbarter antiparalleler Spins das Austauschintegral annimmt.

Für das zunächst Folgende ist die spezielle Form (8) der Hamiltonfunktion nicht wesentlich. Wir wollen daher zunächst ein allgemeines System betrachten und erst später wieder auf unser spezielles Problem zurückkommen.

---

[1]) Etwas ausführlicher folgt dies, wenn man die Gleichung (7') von links mit $\bar{a}(N_f n_f)$ multipliziert und über die Werte 0 und 1 der Zahlen N_f und n_f summiert. Wegen der Normierung der a folgt zunächst

$$\varepsilon = \frac{1}{2} \sum_{s \neq t} J_{st} \sum \binom{N_f = 0,\, n_f = 1}{N_f = 1,\, n_f = 0} \bar{a}(N_f n_f)(\sqrt{N_s n_t}\, \Delta_s^- \delta_t^-$$
$$- \sqrt{n_s N_t}\, \delta_s^- \Delta_t^-)(\Delta_s^+ \delta_t^+ \sqrt{N_s n_t} - \delta_s^+ \Delta_t^+ \sqrt{n_s N_t})\, a(N_f n_f),$$

und durch „partielle Summation", wenn man bedenkt, daß die $a(N_f n_f)$ nur für die in der Summe auftretenden Zahlensysteme der N_f und n_f von Null verschieden sind,

$$\varepsilon = \frac{1}{2} \sum_{s \neq t} J_{st} \sum \binom{N_f = 0,\, n_f = 1}{N_f = 1,\, n_f = 0} |\Delta_s^+ \delta_t^+ \sqrt{N_s n_t}\, a(N_f n_f) - \delta_s^+ \Delta_t^+\, a(N_f n_f)|^2 \geqq 0.$$

[2]) E. Ising, ZS. f. Phys. **31**, 253, 1925.

Es sei also ein beliebiges mechanisches System gegeben, definiert durch seine Hamiltonfunktion
$$H = H(pq)$$
als Funktion irgendwelcher Koordinaten q und ihrer zugehörigen Impulse p[1]).

Wir wollen zunächst die Zustandssumme
$$S = \sum_E e^{-\frac{E}{kT}}$$
statt als Summe über die einzelnen Energiewerte E der stationären Zustände in einer Form schreiben, die der in der klassischen Theorie auftretenden Gibbsschen Form als Integral über den Phasenraum analog ist.

Offenbar gilt
$$S = \sum_E \int \overline{\psi(E,q)} e^{-\frac{H}{kT}} \psi(E,q)\, dq, \qquad (16)$$
wo H der Hamiltonsche Operator ist, der auf die Koordinaten q wirkt, und wo $\psi(E, q)$ die Transformationsfunktion von den Koordinaten auf die Energie bedeutet, die der Schrödingergleichung
$$E\psi(E, q) = H\psi(E, q) \qquad (17)$$
genügt. Zum Beweis von (16) hat man nur den Operator $e^{-\frac{H}{kT}}$ in der Form zu schreiben:
$$e^{-\frac{H}{kT}} = \sum_{n=0}^{\infty} \frac{1}{n!}\left(-\frac{H}{kT}\right)^n$$
und zu bedenken, daß aus (17) durch $n-1$-fache Anwendung von H von links her folgt
$$E^n \psi(E, q) = H^n \psi(E, q).$$
Von den Transformationsfunktionen $\psi(E, q)$ gehen wir nun zu den Transformationsfunktionen
$$\psi(pq) = e^{\frac{2\pi i}{h} pq} \qquad (18)$$
vom Impuls auf die Koordinate über, die mit den $\psi(E, q)$ in der bekannten Relation stehen
$$\psi(E, q) = \int \psi(E, p)\, \psi(pq)\, dp. \qquad (19)$$

---

[1]) p und q mögen im folgenden Vektoren sein, deren Komponenten die sämtlichen Impulse bzw. Koordinaten des Systems sind; pq sei ihr skalares Produkt. dp und dq steht für ein ganzes Volumenelement im Impuls- bzw. Koordinatenraum.

Zur Theorie des Austauschproblems und der Remanenzerscheinung usw. 307

Setzen wir (18) in (16) ein, so folgt
$$S = \int \sum_E \overline{\psi(E, p')}\; \overline{\psi(p'q)}\, e^{-\frac{H}{kT}}\, \psi(E, p)\, \psi(pq)\, dp\, dp'\, dq.$$

Der Hamiltonsche Operator und mithin auch der Operator $e^{-\frac{H}{kT}}$ wirkt nun nur auf die Koordinaten q, ist also mit $\psi(E, p)$ vertauschbar, d. h. es gilt
$$S = \int \sum_E \overline{\psi(E, p')}\, \psi(E, p)\, \psi(p', q)\, e^{-\frac{H}{kT}}\, \psi(p, q)\, dp\, dp'\, dq. \qquad (20)$$

Nun gilt für $\psi(E, p)$, die Transformationsfunktion vom Impuls auf die Energie, die Vollständigkeitsrelation
$$\sum_E \overline{\psi(E, p')}\, \psi(Ep) = \delta(p - p'),$$
wo $\delta(p)$ die Diracsche δ-Funktion bedeutet. Also wird aus (20) einfach
$$S = \int \overline{\psi(p, q)}\, e^{-\frac{H}{kT}}\, \psi(p, q)\, dp\, dq, \qquad (21)$$
was sofort in die klassische Gibbssche Form
$$S = \int e^{-\frac{H(p, q)}{kT}}\, dp\, dq$$
übergeht, sofern die Größen p und q als vertauschbar angenommen werden.

Natürlich ist es im allgemeinen nicht einfach, die Wirkung des Operators $e^{-\frac{H}{kT}}$ auf die Funktion $\psi(p, q)$, d. h. die Funktion
$$F\left(p, q, -\frac{1}{kT}\right) = e^{-\frac{H}{kT}}\, \psi(p, q) \qquad (22)$$
zu berechnen. Indessen läßt sich zeigen, daß ihre Bestimmung gleichbedeutend ist mit der Auffindung einer bestimmten Lösung der zeitabhängigen Schrödingergleichung.

Sei nämlich zur Abkürzung
$$\lambda = -\frac{1}{kT},$$
so folgt aus (22)
$$\frac{dF(p, q, \lambda)}{d\lambda} = HF(p, q, \lambda). \qquad (23)$$

Diese Gleichung ist zu lösen mit der „Anfangsbedingung", daß für $\lambda = 0$, d. h. für unendlich hohe Temperatur
$$F(p, q) = \psi(p, q),$$
d. h. die in (18) gegebene ebene Welle ist.

Die zeitabhängige Schrödingergleichung lautet

$$\frac{h}{2\pi i}\frac{dF}{dt} = HF, \qquad (24)$$

d. h. man hat in (23) nur

$$\lambda = -\frac{1}{kT} \quad \text{durch} \quad \frac{2\pi i t}{h}$$

zu ersetzen, um das Problem der Bestimmung von F abzubilden auf das Problem, die zeitliche Veränderung einer Wellenfunktion zu untersuchen, die zur Zeit $t = 0$ die Form (18) hat.

Nun folgt aus der allgemeinen Transformationstheorie, daß eine Wellenfunktion, die zur Zeit $t = 0$ die Form $\psi(q_0)$ hat, zur Zeit t gegeben ist durch

$$\psi(q, t) = \int S(q, q_0, t)\, \psi(q_0)\, dq_0. \qquad (25)$$

Dabei genügt die Transformationsfunktion $S(q, q_0, t)$, die von den Koordinaten q_0 zur Zeit $t = 0$ auf die Koordinaten q zur Zeit t transformiert, nicht nur der zeitabhängigen Schrödingergleichung, sondern jeder Gleichung, die man erhält, wenn man klassisch irgendeine Funktion f der p und q zur Zeit t durch die Zeit und die Werte p_0 und q_0 der Koordinaten und Impulse zur Zeit $t = 0$ ausdrückt und die Gleichung

$$f(p, q) = f[p(p_0, q_0, t), q(p_0, q_0, t)] = \Phi(p_0, q_0, t)$$

als Operatorgleichung auf die Transformationsfunktion $S(q, q_0, t)$ anwendet in der Form

$$\{f(p, q) - \Phi(p_0, q_0, t)\}\, S(q, q_0, t) = 0.$$

Kennard[1]) hat die Funktion $S(q, q_0, t)$ für verschiedene einfache Beispiele berechnet.

Entsprechend (25) gilt nun natürlich

$$e^{\lambda H}\psi(p, q) = F(p, q, \lambda) = \int S(q, q_0, \lambda)\, \psi(p, q_0)\, dq_0, \qquad (26)$$

wobei $S(q, q_0, \lambda)$ aus der Kennardschen Transformationsfunktion dadurch hervorgeht, daß man t durch $-\dfrac{h}{2\pi i k T}$ ersetzt.

Setzt man (26) in (21) ein, so folgt

$$S = \int \overline{\psi(p, q)}\, S(q, q_0, \lambda)\, \psi(p, q_0)\, dp\, dq\, dq_0 = \int S(p, p, \lambda)\, dp$$
$$= \int S(q, q, \lambda)\, dq. \qquad (27)$$

Dabei ist $S(p, p_0, t)$ analog dem oben besprochenen $S(q, q_0, t)$ die Transformationsfunktion, die von den Impulsen zur Zeit $t = 0$ auf die Impulse zur Zeit t transformiert.

---

[1]) E. H. Kennard, ZS. f. Phys. **44**, 326, 1927.

Offenbar ist $S(p, p, \lambda)$ die relative Wahrscheinlichkeit, die Impulse bei der Temperatur
$$T = -\frac{1}{k\lambda}$$
im Intervall dp anzutreffen. Entsprechend ist $S(q, q, \lambda)$ die relative Wahrscheinlichkeit im Koordinatenraum.

Wir erhalten also das Resultat: Die relative Wahrscheinlichkeit einer bestimmten Konfiguration q eines Systems wird gegeben durch die Kennardsche Transformationsfunktion, wenn man in ihr $q = q_0$ und statt der Zeit den Ausdruck $-\dfrac{h}{2\pi i k T}$ setzt[1]).

Wenden wir nun unser Resultat auf das Austauschproblem mit der Hamiltonfunktion (8) an. Wir haben in §.1 gesehen, daß sich die Hamiltonfunktion durch die Phasen Θ_f, ϑ_f als Koordinaten und die Zahlen der nach links bzw. nach rechts orientierten Spins N_f und n_f als zugehörige kanonisch konjugierte Impulse ausdrücken läßt. Nach (8) und (6'') ist nämlich

$$H = \tfrac{1}{2}\sum_{s\neq t} J_{st}\left[\sqrt{N_s n_t}\, e^{i(\Theta_s + \vartheta_t)} - \sqrt{n_s N_t}\, e^{i(\vartheta_s + \Theta_t)}\right]\left[e^{-i(\Theta_s + \vartheta_t)}\sqrt{N_s n_t} - e^{-i(\vartheta_s + \Theta_t)}\sqrt{n_s N_t}\right]. \tag{28}$$

---

[1]) Als eine kleine Anwendung unseres Resultates wollen wir hier das einfachste Beispiel des harmonischen Oszillators wählen. Kennard hat für ihn die Transformationsfunktion $S(x, x_0, t)$ berechnet. Sie lautet (vgl. Kennard, l. c.):

$$S(x, x_0, t) = \text{const }e^{-\frac{\omega m}{2\,h/2\,\pi i}\left[(x^2 + x_0^2)\cot \omega t - \frac{2x x_0}{\sin \omega t}\right]}$$

Dabei ist $\omega = 2\pi\nu$ und ν die klassische Eigenfrequenz des Oszillators.

Nach dem Obigen erhält man also für die Wahrscheinlichkeit $W(x, T)$, im thermischen Gleichgewicht einen Oszillator im Intervall zwischen x und $x + dx$ zu finden:

oder
$$W(x, T) = S(x, x, \lambda)\, dx = \text{const }e^{-\frac{4\pi^2\nu m}{h}x^2\left(\coth\frac{h\nu}{kT} - \frac{1}{\operatorname{sh}\frac{h\nu}{kT}}\right)}dx$$

$$W(x, T) = \sqrt{\frac{4\pi\nu m}{h}\operatorname{th}\frac{h\nu}{2kT}}\cdot e^{-\frac{4\pi^2\nu m}{h}x^2\operatorname{th}\frac{h\nu}{2kT}}dx.$$

Der Normierungsfaktor const ist hier so bestimmt, daß $\int_{-\infty}^{+\infty} W(x)\,dx = 1$ wird.

D. h. die Ortswahrscheinlichkeit eines Oszillators ist immer durch eine Gaußsche Fehlerkurve gegeben, deren Breite aber mit abnehmender Temperatur nicht, wie in der klassischen Theorie, unbegrenzt abnimmt, sondern sich einem endlichen Grenzwert nähert.

Um nun die Wahrscheinlichkeit zu bestimmen, gewisse Werte der Impulse, d. h. der Zahlen N, n anzutreffen, haben wir die Kennardsche Transformationsfunktion

$$S(p, p_0, t) = S(Nn, N_0 n_0, t)$$

zu betrachten. Sie genügt der Schrödingergleichung

$$\frac{h}{2\pi i}\frac{dS}{dt} = HS$$

mit der Hamiltonfunktion (28) und der Anfangsbedingung, daß für $t = 0$ $S(Nn, N_0 n_0, 0)$ gleich Eins ist, wenn sämtliche N, n gleich den Zahlen N_0, n_0 sind, daß sie hingegen Null ist für alle anderen Werte der N, n.

Wir fragen nun nach dem Wert von $S(Nn, N_0 n_0, t)$ nach einer sehr kurzen Zeit t. Dann wird immer noch nur die Größe $S(N_0 n_0, N_0 n_0, t)$ merklich von Null verschieden sein, alle anderen Werte der Funktion $S(Nn, N_0 n_0, t)$ aber werden noch sehr klein sein. D. h. aber, daß wir in (28) alle Glieder, in denen die Phasen Θ, ϑ explizit auftreten, vernachlässigen dürfen und nur die sie nicht enthaltenden Diagonalglieder zu berücksichtigen brauchen. D. h., die Schrödingergleichung, der S zu genügen hat, lautet für sehr kurze Zeiten angenähert:

$$\frac{h}{2\pi i}\frac{dS}{dt} = \frac{1}{2}\sum_{s \neq t} J_{st}(N_s n_t + n_s N_t) S. \tag{29}$$

Also ist für sehr kurze Zeiten

$$S(N_0 n_0, N_0 n_0, t) = e^{\frac{2\pi i t}{h} \cdot \frac{1}{2}\sum_{s \neq t} J_{st}(N_{s0} n_{t0} + n_{s0} N_{t0})} \tag{30}$$

Setzt man nun in (30) statt $2\pi i t/h$: $-1/kT$, so gibt nach dem Obigen

$$W(N_0 n_0, T) = S\left(N_0 n_0, N_0 n_0, -\frac{h}{2\pi i k T}\right)$$
$$= e^{-\frac{1}{kT}\frac{1}{2}\sum_{s \neq t} J_{st}(N_{s0} n_{t0} + n_{s0} N_{t0})}$$

direkt die Wahrscheinlichkeit an, die Werte $N_0 n_0$ der Zahlen N, n anzutreffen. Dies ist aber genau das Resultat, das man klassisch erwarten würde, wenn man zwischen je zwei entgegengesetzt orientierten Spins in den Zellen s und t die Wechselwirkungsenergie J_{st}, zwischen gleichorientierten die Wechselwirkungsenergie Null annimmt.

Angewandt auf das Problem des Ferromagnetismus, wo das Austauschintegral zwischen je zwei benachbarten Atomen gleich J, alle anderen

Austauschintegrale gleich Null angenommen werden dürfen, lautet also unser Resultat:

Für sehr hohe Temperaturen ($kT \gg J$), was dem Umstand entspricht, daß (30) nur für sehr kurze Zeiten eine angenäherte Lösung der Schrödingergleichung ist, wird die Wahrscheinlichkeit, eine gewisse Verteilung der Spins im Kristall anzutreffen, gegeben sein durch

$$e^{-\frac{J}{kT}v},$$

wo v die Anzahl der benachbarten, entgegengesetzt orientierten Spins in der betreffenden Verteilung bedeutet.

Man sieht also, daß der klassische Ansatz für die Wechselwirkung streng genommen nur für sehr hohe Temperaturen berechtigt ist, dann aber sicher eine viel bessere Annäherung an die Wirklichkeit bedeutet, als das von Heisenberg angenommene Zusammenfallen aller Energiewerte eines Termsystems mit ihrem Schwerpunkt oder ihre Gaußsche Verteilung.

Leider scheinen bisher alle Versuche, selbst mit dieser Annäherung die Zustandssumme zu berechnen, bis auf den einfachsten Fall der linearen Kette gescheitert zu sein.

§ 4. *Die klassischen Bewegungsgleichungen als Differentialgleichungen für die Spindichte.* Wir hatten früher[1]) gezeigt, daß man eine angenäherte Lösung der Slaterschen Gleichung für den Fall erhalten kann, daß nur sehr wenige Spin einer bestimmten Orientierung vorhanden sind. Wenn man nämlich von den in diesem Falle relativ seltenen Situationen absieht, wo sich zwei solche Spins an benachbarten Atomen befinden, kann man die Gleichung so interpretieren, daß sich die Spins in Form ebener Wellen unabhängig voneinander durch das Gitter bewegen. Mit wachsender Anzahl wird aber die gegenseitige Störung der Spins immer wichtiger, und man wird daher nach einem Verfahren suchen, das ihre „Wechselwirkung" wenigstens qualitativ zu erfassen gestattet[2]).

Ein solches bietet sich, wenn man an die analoge Situation bei den Atomen mit vielen Elektronen denkt, wo ebenfalls eine exakte Erfassung ihrer Wechselwirkung praktisch unmöglich ist. Bekanntlich liefert dort die Hartreesche oder Thomas-Fermische Methode schon sehr brauch-

---

[1]) F. Bloch, l. c.
[2]) Unter „Wechselwirkung" ist hier natürlich nicht etwa die magnetische Wechselwirkung der Spins zu verstehen, sondern der durch die elektrische Abstoßung der Elektronen bedingte Umstand, daß sich an einem Atom nicht mehr als ein Elektron bzw. Spin befinden kann.

bare Resultate, die einfach die Wirkung der übrigen Elektronen auf ein betrachtetes durch ein zusätzliches Potentialfeld beschreibt, das durch die Dichteverteilung der übrigen Elektronen bestimmt ist.

Jordan und Klein[1]) haben gezeigt, daß diese Methode sogar streng äquivalent mit dem Schrödingerschen Mehrkörperproblem ist, wenn man die Nichtvertauschbarkeit der Dichteamplituden berücksichtigt. Man kann also die obigen Annäherungsmethoden im wesentlichen auch so beschreiben, daß bei ihnen die Dichteamplituden statt als Operatoren als gewöhnliche c-Zahlen aufgefaßt werden, und ihre zeitliche Veränderung bzw. die Bedingung stationärer Dichteverteilung mittels der aus dem Hamiltonschen Prinzip sich ergebenden klassischen Bewegungsgleichungen für die Dichteamplituden bestimmt wird.

Spricht man statt von Elektronen- von Spindichteamplituden, so läßt sich dieses letztere Verfahren sofort auf unser Austauschproblem übertragen, da ja die in § 1 eingeführten Größen φ und ψ eben die Bedeutung von Spindichteamplituden haben.

Wir werden also im folgenden die Bewegungsgleichungen

$$\dot{q} = \frac{\partial H}{\partial p}, \qquad \dot{p} = -\frac{\partial H}{\partial q}$$

oder quantenmechanisch

$$\frac{h}{2\pi i}\dot{q} = Hq - qH, \qquad \frac{h}{2\pi i}\dot{p} = Hp - pH$$

betrachten. Natürlich geben sie, strenggenommen, über die tatsächliche Bewegung des Systems nur Auskunft, solange man die Nichtvertauschbarkeit der dynamischen Größen berücksichtigt. Wir werden jedoch sehen, daß sie, auch wenn man dies nicht tut, gerade für das Problem des Ferromagnetismus wertvoll sind, da sie die wesentlichsten Züge des Modells enthalten und außerdem den Vorteil viel größerer Einfachheit und Anschaulichkeit haben, als die ursprüngliche Slatersche Gleichung. Vor allem handeln sie nicht, wie diese, in einem Raum von $3r$ Dimensionen (r = Anzahl der nach rechts orientierten Spins), sondern im gewöhnlichen dreidimensionalen Raum, und wir möchten vermuten, daß sie für manche Fragen des Ferromagnetismus von beträchtlichem Nutzen sein könnten. Wir werden sie im folgenden Paragraphen dazu verwenden, um zu zeigen, daß sich mit ihrer Hilfe ein qualitatives Verständnis der Remanenz- und Hystereserscheinungen erreichen läßt.

---

[1]) P. Jordan u. O. Klein, ZS. f. Phys. **45**, 751, 1927.

Wie wir in § 1 gesehen haben, sind die Größen

$$\frac{2\pi i}{h}\varphi^* = p_\varphi \quad \text{und} \quad \frac{2\pi i}{h}\psi^* = p_\psi,$$

die kanonisch konjugierten Impulse zu den φ und ψ, indem sie nach (6') mit diesen in den Vertauschungsrelationen stehen:

$$p_{\varphi_f}\varphi_{f'} - \varphi_{f'}p_{\varphi_f} = \frac{h}{2\pi i}\delta_{ff'},$$

$$p_{\psi_f}\psi_{f'} - \psi_{f'}p_{\psi_f} = \frac{h}{2\pi i}\delta_{ff'}.$$

Dann erhält man die Bewegungsgleichungen in der Form

$$\frac{h}{2\pi i}\frac{d\varphi_s}{dt} = \sum_t J_{st}(\varphi_s\psi_t - \psi_s\varphi_t)\psi_t^*,$$

$$-\frac{h}{2\pi i}\frac{d\varphi_s^*}{dt} = \sum_t J_{st}\psi_t(\varphi_s^*\psi_t^* - \psi_s^*\varphi_t^*),$$

$$\frac{h}{2\pi i}\frac{d\psi_s}{dt} = \sum_t J_{st}(\psi_s\varphi_t - \varphi_s\psi_t)\varphi_t^*,$$

$$-\frac{h}{2\pi i}\frac{d\psi_s^*}{dt} = \sum_t J_{st}\varphi_t(\psi_s^*\varphi_t^* - \varphi_s^*\psi_t^*).$$

Faßt man die φ, ψ und φ^*, ψ^* als vertauschbare c-Zahlen auf, so erhält man die Bewegungsgleichungen auch aus der Bedingung, daß die Variation des Integrals

$$\int_0^t (H - \Sigma p\dot{q})\,dt$$

bei unabhängiger, an den Grenzen verschwindender Variation der p und q verschwinden soll. Dies bedeutet für unser Problem des Austausches mit der Hamiltonfunktion (8), daß man

$$\delta\int_0^t \left[\frac{1}{2}\sum_{s\neq t}J_{st}(\varphi_s\psi_t - \psi_s\varphi_t)(\varphi_s^*\psi_t^* - \psi_s^*\varphi_t^*) - \frac{h}{2\pi i}\sum_s(\varphi_s^*\dot{\varphi}_s + \psi_s^*\dot{\psi}_s)\right]dt = 0 \quad (31)$$

zu fordern hat bei unabhängiger Variation der $\varphi, \varphi^k, \psi, \psi^*$.

Auch die klassischen Bewegungsgleichungen haben natürlich die Größen (13), sowie $\varphi_s\varphi_s^* + \psi_s\psi_s^*$ ($s = 1, 2, \ldots, Z$) als Integrale, wie man sofort sieht, wenn man die in § 2 angegebenen Variationen in (31) ausführt.

Im Falle des Ferromagnetismus sind die, die „Zellen" charakterisierenden, Indizes s, t die Koordinaten von Atomen bzw. Gitterpunkten, d. h. man wird zur Festlegung einer Zelle s drei, einen bestimmten Gitterpunkt aufspannende ganze Zahlen f, g, h verwenden.

Nimmt man wie üblich an, daß das Austauschintegral nur zwischen benachbarten Gitterpunkten von Null verschieden und gleich J ist[1]), so lautet die Hamiltonfunktion

$$H = J \cdot \sum_{f,g,h} (\varphi_{fgh}\, \psi_{f+1,g,h} - \psi_{fgh}\, \varphi_{f+1,g,h})(\varphi^*_{fgh}\, \psi^*_{f+1,g,h} - \psi^*_{fgh}\, \varphi^*_{f+1,g,h})$$
$$+ (\varphi_{fgh}\, \psi_{f,g+1,h} - \psi_{fgh}\, \varphi_{f,g+1,h})(\varphi^*_{fgh}\, \psi^*_{f,g+1,h} - \psi^*_{fgh}\, \varphi^*_{f,g+1,h})$$
$$+ (\varphi_{fgh}\, \psi_{fg,h+1} - \psi_{fgh}\, \varphi_{fg,h+1})(\varphi^*_{fgh}\, \psi^*_{fg,h+1} - \psi^*_{fgh}\, \varphi^*_{fg,h+1}). \quad (32)$$

Wir wollen nun, wie dies im Falle tiefer Temperaturen gerechtfertigt ist, annehmen, daß die Größen $\varphi, \psi, \varphi^*, \psi^*$ nur langsam veränderlich sind, so daß man statt Differenzen Differentialquotienten und statt Summen Integrale setzen darf[2]). D. h. wir setzen

$$\psi_{f+1,gh} = \varphi_{fgh} + a\frac{\partial \varphi}{\partial x} + \frac{a^2}{2}\frac{\partial^2 \varphi}{\partial x^2} + \cdots,$$

wo a die Gitterkonstante ist. Entsprechendes gilt natürlich für ψ, φ^*, ψ^*, sowie für die y- und z-Richtung. Dann wird aus (32) bis auf Glieder höherer Ordnung

$$H = \frac{J}{a}\int \Big\{(\varphi\psi_x - \psi\varphi_x)(\varphi^*\psi^*_x - \psi^*\varphi^*_x) + (\varphi\psi_y - \psi\varphi_y)(\varphi^*\psi^*_y - \psi^*\varphi^*_y)$$
$$+ (\varphi\psi_z - \psi\varphi_z)(\varphi^*\psi^*_z - \psi^*\varphi^*_z)\Big\}\, d\tau. \quad (32')$$

Das Integral erstreckt sich hierbei über den ganzen Kristall.

Addiert man hierzu noch

$$-\frac{h}{2\pi i}\frac{1}{a^3}\int (\varphi^*\dot\varphi + \psi^*\dot\psi)\, d\tau,$$

so erhält man die Lagrangefunktion und durch Variation des Lagrangeintegrals die „klassischen Bewegungsgleichungen" des Ferromagnetismus:

$$\frac{h}{2\pi i}\frac{d\varphi}{dt} = Ja^2 \Big\{(\varphi\psi_x - \psi\varphi_x)\psi^*_x + \frac{\partial}{\partial x}[(\varphi\psi_x - \psi\varphi_x)\psi^*]$$
$$+ (\varphi\psi_y - \psi\varphi_y)\psi^*_y + \frac{\partial}{\partial y}[(\varphi\psi_y - \psi\varphi_y)\psi^*]$$
$$+ (\varphi\psi_z - \psi\varphi_z)\psi^*_z + \frac{\partial}{\partial z}[(\varphi\psi_z - \psi\varphi_z)\psi^*]\Big\} \text{ usw.}$$

---

[1]) Wir beschränken uns hier auf ein einfach kubisches Gitter, doch ist das für das Folgende nicht wesentlich.

[2]) Dies entspricht dem vereinfachenden Ersatz des Gitters durch ein Kontinuum, völlig analog, wie in der Debyeschen Theorie der spezifischen Wärme fester Körper, wo diese Vereinfachung in Strenge auch nur für tiefe Temperaturen gerechtfertigt ist.

oder

$$\frac{h}{2\pi i}\dot{\varphi} = Ja^2 \{2(\varphi \operatorname{grad} \psi - \psi \operatorname{grad} \varphi, \operatorname{grad} \psi^*)$$
$$+ (\varphi \Delta \psi - \psi \Delta \varphi)\psi^*\}, \tag{33a}$$

$$-\frac{h}{2\pi i}\dot{\varphi}^* = Ja^2 \{2(\operatorname{grad} \psi, \varphi^* \operatorname{grad} \psi^* - \psi^* \operatorname{grad} \varphi^*)$$
$$+ \psi(\varphi^*\Delta \psi^* - \psi^*\Delta \varphi^*)\}, \tag{33b}$$

$$\frac{h}{2\pi i}\dot{\psi} = Ja^2 \{2(\psi \operatorname{grad} \varphi - \varphi \operatorname{grad} \psi, \operatorname{grad} \varphi^*)$$
$$+ (\psi \Delta \varphi - \varphi \Delta \psi)\varphi^*\}, \tag{33c}$$

$$-\frac{h}{2\pi i}\dot{\psi}^* = Ja^2 \{2\operatorname{grad} \varphi, \psi^* \operatorname{grad} \varphi^* - \varphi^* \operatorname{grad} \psi^*)$$
$$+ \varphi(\psi^*\Delta \varphi^* - \varphi^*\Delta \psi^*\}. \tag{33d}$$

Diese Gleichungen gelten wiederum (abgesehen vom Ersatz des Gitters durch ein Kontinuum) noch streng, solange man auf die obige Reihenfolge der Faktoren achtet und Nichtvertauschbarkeiten berücksichtigt. Wir wollen im folgenden davon absehen und ferner die Größen $\varphi^* = \overline{\varphi}$ und $\psi^* = \overline{\psi}$ als die konjugiert Komplexen von φ und ψ ansehen, wodurch die zweite und vierte Gleichung von (33) eine Konsequenz der ersten und dritten wird.

Die Gleichungen sind zu lösen mit der Nebenbedingung $\varphi\overline{\varphi} + \psi\overline{\psi} = 1$. Ist aber diese Bedingung zur Zeit $t = 0$ erfüllt, so ist sie es automatisch auch für alle späteren Zeiten.

Wie die Hartreesche oder Thomas-Fermische Gleichung sind die Gleichungen (33) vom dritten Grade, da sie ja in summarischer Weise die Wirkung der übrigen Spins auf einen bestimmten herausgegriffenen berücksichtigen. Natürlich müssen sie in dem Falle, wo die „Wechselwirkung" der Spins sehr klein ist. d. h. in dem Falle, wo nur sehr wenige Spins der einen Sorte vorhanden sind, in die früher von uns diskutierten Lösungen der Slaterschen Gleichung übergehen. Dies läßt sich in der Tat leicht zeigen:

Nimmt man nämlich an, daß die φ sehr klein sind, so darf man die ψ als örtlich und zeitlich konstant und gleich Eins ansehen. Man begeht dann nur einen Fehler höherer Ordnung, da die rechte Seite von (33c) und (33 d) quadratisch in den φ ist. Dann wird aus (33 a)

$$\frac{h}{2\pi i}\dot{\varphi} + Ja^2\Delta\varphi = 0,$$

d. h. tatsächlich, die erwartete gewöhnliche Wellengleichung für die Spinbewegung, die den Ferromagnetismus bei tiefen Temperaturen zu behandeln gestattet.

Wir wollen noch das für den folgenden Paragraphen wichtige Resultat zeigen, daß im Zustand niedrigster Energie die Spindichte im ganzen Kristall konstant sein muß. Soll nämlich die Energie ihren niedrigsten Wert, nämlich den Wert Null haben, so folgt aus dem notwendigen Verschwinden des ersten der drei Summanden von (32'):

$$\varphi \psi_x - \psi \varphi_x = 0.$$

Setzt man nun, um der Bedingung $\varphi \overline{\varphi} + \psi \overline{\psi} = 1$ zu genügen,

$$\varphi = \cos \frac{\vartheta}{2} e^{i\alpha}, \qquad \psi = \sin \frac{\vartheta}{2} e^{i\beta},$$

wo ϑ, α, β zunächst beliebige reelle Funktionen des Ortes sein können, so folgt

$$i \cos \frac{\vartheta}{2} \sin \frac{\vartheta}{2} (\alpha_x - \beta_x) - \frac{1}{2} \left(\cos^2 \frac{\vartheta}{2} + \sin^2 \frac{\vartheta}{2} \right) \vartheta_x = 0,$$

d. h.
$$\vartheta = c_1 \qquad \alpha - \beta = c_2,$$

wo c_1 und c_2 Konstante sind. Also ist sowohl $\varphi \overline{\varphi}$ wie $\psi \overline{\psi}$ örtlich und zeitlich [letzteres nach (33)] konstant[1]). ϑ und c_2 bestimmen offenbar die Richtung des in diesem Falle maximalen Spinmoments. Setzt man nämlich $c_2 = \chi$, so wird aus (13)

$$m_z = \frac{Z}{2} \frac{h}{2\pi} \cos \vartheta,$$

$$m_x = \frac{Z}{2} \frac{h}{2\pi} \sin \vartheta \cos \chi,$$

$$m_y = \frac{Z}{2} \frac{h}{2\pi} \sin \vartheta \sin \chi.$$

§ 5. *Zur Theorie der Remanenz- und Hystereseserscheinungen.* Es ist bereits öfters darauf hingewiesen worden, daß zur Erklärung der Remanenzerscheinungen die Betrachtung der Austauschwirkungen allein nicht genügt, sondern sehr wesentlich auch die magnetischen Wechselwirkungen in den Ferromagneten berücksichtigt werden müssen. Insbesondere ist dies von Becker[2]) geschehen, der gezeigt hat, welche wichtige Rolle die inneren Verzerrungen im Kristall spielen, indem sie in kubischen Kristallen, wie Fe oder Ni, dafür sorgen, daß Bezirke entstehen, in denen nicht mehr, wie im spannungsfreien Kristall alle drei Achsen im Raum gleichberechtigt sind, sondern Vorzugsrichtungen geschaffen werden, die von Bezirk zu Bezirk

---

[1]) Was hier für die x-Richtung bewiesen ist, gilt entsprechend natürlich auch für die y- und z-Richtung.

[2]) R. Becker, ZS. f. Phys. **62**, 253, 1930; R. Becker u. M. Kersten, ebenda **64**, 660, 1930.

verschieden sein können. Dies wird auch sehr deutlich gemacht durch die Versuche von Preisach[1]), sowie von Becker und Kersten (l. c.), die zeigen, daß durch Überlagerung einer Zugkraft über den Kristall, die offenbar immer mehr eine gleichmäßige Vorzugsrichtung schafft, die Koerzitivkraft abnimmt. Überdies haben schon früher Forrer[2]) und Preisach gezeigt, daß bei vorher in einer gewissen Weise behandelten Drähten dadurch die Hysteresisschleife sich immer mehr der Rechteckform annähert und schließlich die Ummagnetisierung praktisch in einem einzigen Barkhausensprung erfolgt.

Becker vermutete, die Remanenzerscheinung darauf zurückführen zu können, daß durch die Verzerrungen die ursprünglich isotrope magnetische Dipolenergie nun energetisch meistbegünstigte Stellungen der Magnetisierung schafft, aus denen herauszudrehen dem Kristall erst eine gewisse Energie durch das äußere Feld zur Verfügung gestellt werden muß. Indessen hat diese Erklärung eine Schwierigkeit in dem von Akulov[3]) betonten Umstand, daß ja solche magnetische Anisotropien in beträchtlichem Maße auch schon ohne Verzerrungen da sind; auch würde man so nicht verstehen, wieso die von Kaya[4]) untersuchten hexagonalen Kobalteinkristalle, ebenso wie die Eiseneinkristalle von Gerlach[5]), keinerlei Remanenz zeigen, obwohl bei ihnen doch sicher eine Vorzugsrichtung, nämlich die hexagonale Achse, von Anfang an vorliegt und in bezug auf sie auch starke magnetische Anisotropie besteht. Demselben Einwand unterliegt auch der, übrigens auch sonst in seinen Grundannahmen wohl unhaltbare Erklärungsversuch der Remanenz von Akulov.

Wir möchten hier einen anderen Weg einschlagen, indem wir etwas näher auf die Bedingungen eingehen, die die Verteilung der Elementarmagnete (Spins) im Kristall erfüllen muß, ehe überhaupt der Ummagnetisierungsvorgang einsetzen kann. Durch die schönen Experimente von Sixtus und Tonks[6]) wurde neuerdings gezeigt, daß beim Barkhausensprung die Ummagnetisierung keineswegs einheitlich in einem Kristallgebiet vor sich geht, sondern die Grenze zwischen zwei Gebieten verschiedener Magnetisierung sich stetig verschiebt[7]). Diese Ausbreitung der Grenze

---

[1]) F. Preisach, Ann d. Phys. **3**, 737, 1929.
[2]) R. Forrer, Journ. de phys. et le Radium (6) **7**, 109, 1926.
[3]) N. Akulov, ZS. f. Phys. **67**, 794, 1931.
[4]) S. Kaya, Sc. Rep. of Tôhoku Imp. Univ. **17**, 7.
[5]) W. Gerlach, ZS. f. Phys. **38**, 328, 1926; **39**, 327, 1926.
[6]) K. J. Sixtus u. L. Tonks, Phys. Rev. **37**, 930, 1931.
[7]) Ein solches Verhalten ist bereits früher von Langmuir vermutet worden.

konnte an langen Drähten direkt nachgewiesen und ihre Gesetze, insbesondere die Abhängigkeit ihrer Geschwindigkeit vom äußeren Feld untersucht werden.

Die anschauliche Überlegung, die einem ein solches Verhalten verständlich machen kann, lautet nun so, daß offenbar, ähnlich wie in der alten Weissschen Theorie des Ferromagnetismus, in einem bis zur Sättigung magnetisierten Gebiet das starke innere Feld einen einzelnen Spin am Umklappen verhindert, so daß, um nicht sehr viel Energie dazu zu brauchen, schon sämtliche Spins gleichzeitig umklappen müßten, ein Ereignis, das natürlich praktisch nie eintritt. Dagegen liegen an der Grenze zwischen zwei entgegengesetzt orientierten Gebieten günstige Verhältnisse vor, da dort das Umklappen einzelner Spins nur eine Verschiebung der Grenzflächen, also im allgemeinen keinen weiteren Energieaufwand bedingen wird.

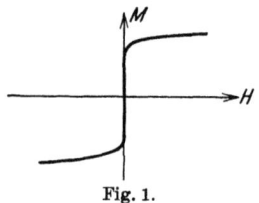

Fig. 1.

Eine nur mit den Austauschkräften operierende Theorie kann natürlich ein solches Verhalten niemals liefern, da, wie wir gesehen haben, eine vollkommen gleichmäßige Verteilung der Spins den energetisch günstigsten Zustand darstellt.

Übrigens sieht man auch direkt, daß eine solche Theorie nicht zur Erklärung der Remanenz ausreicht; wenn nämlich während des Ummagnetisierungsvorganges die örtliche Veränderung der Magnetisierung im Kristall nur hinreichend klein bleibt, so kann sich dieser unter beliebig kleinem Energieaufwand vollziehen, selbst wenn man allfälligen Störungen im Kristallaufbau Rechnung trägt, indem man das Austauschintegral an verschiedenen Stellen des Kristalls verschieden annimmt. In der Tat liefert auch das Heisenbergsche Modell ohne Hinzunahme magnetischer Kräfte niemals Remanenz, sondern immer nur Magnetisierungskurven vom Typus der Fig. 1, bei denen die Magnetisierung zwar für sehr schwache Felder noch den Sättigungswert hat, dann aber innerhalb eines Spielraumes des Feldes von der relativen Größenordnung $1/Z$ (Z = Gesamtzahl der vorhandenen Atome) auf Null und in den entgegengesetzten Wert übergeht. Das ist auch im wesentlichen das Verhalten von Einkristallen, so daß man in diesem, allerdings sehr wesentlichen *quantitativen* Unterschied den Unterschied zwischen ferro- und paramagnetischen Stoffen sehen muß, und nicht in der auf Sekundäreffekten beruhenden Remanenz; diese wird erst durch Gitterstörungen hervorgerufen, die, wie wir sehen werden, infolge der *magnetischen* Kräfte einen endlichen Energieaufwand beim Ummagnetisieren bedingen können.

Es erscheint zunächst verwunderlich, daß die mindestens 1000 mal kleineren magnetischen Energien neben den Austauschenergien noch so eine wesentliche Rolle für die Remanenz spielen können. Dies ist aber aus zwei Gründen der Fall: Zum ersten sind es *magnetische* Kräfte, und zwar, wie wir in einer Arbeit mit Gentile[1]) gezeigt haben, vor allem Kopplungskräfte zwischen Spin und Bahn, die die für die Remanenz sehr wichtige Anisotropie, d. h. Richtungen schwerer und leichter Magnetisierbarkeit im Kristall, schaffen. Zum zweiten aber wollen wir hier zeigen, daß die magnetischen Kräfte, und zwar diesmal die gewöhnlichen Dipolkräfte, zwischen den Spins in entscheidender Weise die Gruppierung der Spins im Kristall beeinflussen, und zwar eben in dem Sinne, daß sie relativ scharf gegeneinander begrenzte, und zwar länglich geformte Gruppen verschieden gerichteter Magnetisierung schaffen, die im Innern homogen und bis zur Sättigung magnetisiert sind, entgegen der Wirkung der Austauschkräfte, die die Spins gleichmäßig über den ganzen Kristall zu verteilen trachten. Daß die schwachen magnetischen Energien dies tun können, liegt daran, daß wir es mit einem sehr großen System zu tun haben, bei dem trotz der großen Austauschwirkung die Energien verschiedener stationärer Zustände noch außerordentlich nahe beieinander liegen, so daß auch kleine säkulare Störungen noch von großem Einfluß sein können.

Um nun den Einfluß der Dipolglieder zu untersuchen, wollen wir so vorgehen, daß wir einfach zur Hamiltonfunktion (8) bzw. (32') des Austausches noch den Dipolanteil der Energie zufügen. Dies könnte zunächst vielleicht bedenklich erscheinen, da die Slatersche Gleichung und damit auch die Hamiltonfunktion (8) nur Effekte erster Näherung in der Austauschenergie exakt zu berechnen gestattet, während man, strenggenommen, fordern müßte, daß man die Austauschwirkungen schon mindestens mit einer Genauigkeit bis zur Größenordnung der magnetischen Kräfte kennen müsse, ehe man diese als Störung einführen kann. Da aber durch die höheren Näherungen im Austausch wohl nichts Wesentliches geändert wird und es uns hier nur auf das qualitative Verhalten ankommt, wird die Rechnungsweise wohl gestattet sein.

Die Dipolenergie lautet

$$\frac{1}{2}\sum_{s \neq t}\frac{e^2}{2mc^2}\frac{-3\,(\mathfrak{s}_s\,\mathfrak{r}_{st})\,(\mathfrak{s}_t\,\mathfrak{r}_{st}) + (\mathfrak{s}_s\,\mathfrak{s}_t)\,r_{st}^2}{r_{st}^5}, \qquad (34)$$

wo $\mathfrak{s}_s$ und $\mathfrak{s}_t$ die Spinvektoren am Atom s bzw. t bedeuten.

---

[1]) F. Bloch u. G. Gentile, ZS. f. Phys. **70**, 395, 1931.

Die magnetischen Zusatzterme bewirken, daß nicht nur s^2, sondern auch die einzelnen in (13) aufgestellten Drehimpulskomponenten keine Integrale der Bewegung mehr sind, d. h. daß das gesamte magnetische Moment sich zeitlich verändern kann. Dieser Umstand wird von Bedeutung sein für diejenigen Prozesse, die die *Einstellung* des thermischen Gleichgewichts bewirken, insbesondere für die Frage, wie rasch diese stattfindet[1]). Die im folgenden vorgenommene Vernachlässigung dieses Umstandes hat für uns, da wir uns nur für statische Fragen interessieren, wohl keine Bedeutung.

Die magnetische Energie (34) läßt sich ohne weiteres durch die in § 1 eingeführten Größen φ, ψ ausdrücken, doch erhält man auf diese Weise statt (33) eine außerordentlich komplizierte und unübersichtliche Integro-Differentialgleichung für die Spindichte. Einfacher werden die Verhältnisse, wenn man das im folgenden erhaltene Resultat vorwegnimmt, daß die Spindichte innerhalb weniger Atomabstände wenig variiert, so daß man die Summe (34), wenn man einen Index, etwa s, festhält, in der in der klassischen Theorie üblichen Weise in zwei Teile zerlegen kann: einen ersten Teil, in dem die Summation über eine Kugel im Abstand weniger Atome um das Atom s erstreckt wird. Er liefert bei einem kubischen Kristall keinen Beitrag zur Dipolenergie. Der zweite Teil über die Atome außerhalb der Kugel läßt sich umformen in ein Integral über die Flächen, längs denen sich die Magnetisierung ändert. Er enthält zunächst einmal das entmagnetisierende Feld des Kristalls. Nehmen wir an, daß der Kristall in der Magnetisierungsrichtung sehr langgetreckt ist, so dürfen wir dieses vernachlässigen. Ferner enthält er den entmagnetisierenden Einfluß von den Grenzen homogen magnetisierter Spingruppen. Da diese aber, wie wir unten sehen werden, von selbst energetisch danach trachten, so langgestreckt wie möglich zu werden, wird man auch von diesem Einfluß absehen können. Es bleibt also nur der von der inneren (kugelförmigen) Begrenzung des zweiten Teiles herrührende Bestandteil, der in bekannter Weise zur Gesamtenergie des Kristalls den Beitrag $\dfrac{2\pi}{3}\int I^2 d\tau$ liefert, wo I die Magnetisierung pro Volumeneinheit bedeutet.

Wir wollen zunächst annehmen, wir hätten es mit einem Kristall, wie z. B. dem Kobalt, zu tun, bei dem die Wechselwirkung zwischen Spin und Bahn schon eine Richtung energetisch stark begünstigt, so daß wir praktisch nur parallel oder antiparallel dieser magnetischen Achse orientierte Spins

---

[1]) Ansätze in dieser Richtung liegen bereits von I. Waller vor.

zu betrachten brauchen. Dies ist gerechtfertigt, da die für das Studium der Remanenzerscheinungen erforderlichen Felder viel kleiner als 10^4 Gauß sind, d. h. bei weitem nicht genügen, um die Spins aus der Richtung leichtester Magnetisierbarkeit herauszudrehen.

Sei die z-Richtung diese Richtung leichtester Magnetisierbarkeit, so dürfen wir also annehmen, daß nur solche Zustände des Systems vorkommen, in denen die x- und die y-Komponenten der Magnetisierung sehr klein sind, und die Magnetisierung pro Volumeneinheit lediglich durch die z-Komponente bestimmt ist.

D. h. wir dürfen setzen

$$I^2 = \frac{1}{a^3}\left(\frac{e}{mc}\, m_z\right)^2 = \frac{\mu^2}{a^3}(\varphi\,\overline{\varphi} - \psi\,\overline{\psi})^2,$$

wo μ das Bohrsche Magneton bedeutet.

Wir erhalten also demnach und nach (32) für die gesamte Hamiltonfunktion des Systems den Ausdruck

$$H = \frac{J}{a}\int\{|\varphi\,\psi_x - \psi\,\varphi_x|^2 + |\varphi\,\psi_y - \psi\,\varphi_y|^2 + |\varphi\,\psi_z - \psi\,\varphi_z|^2\}\,d\tau$$
$$-\frac{C}{a^3}\int(\varphi\,\overline{\varphi} - \psi\,\overline{\psi})^2\,d\tau, \tag{35}$$

$$C = \frac{2\pi\mu^2}{3\,a^6}, \tag{35a}$$

also an Stelle von (33) die Bewegungsgleichungen

$$\frac{h}{2\pi i}\dot\varphi = J a^2\{2\,(\varphi\,\text{grad}\,\psi - \psi\,\text{grad}\,\varphi,\,\text{grad}\,\overline{\psi}) + (\varphi\Delta\psi - \psi\Delta\varphi)\,\overline{\psi}$$
$$-\,2\,C\,(\varphi\,\overline{\varphi} - \psi\,\overline{\psi})\,\varphi, \tag{36a}$$

$$\frac{h}{2\pi i}\dot\psi = J a^2\{2\,(\psi\,\text{grad}\,\varphi - \varphi\,\text{grad}\,\psi,\,\text{grad}\,\overline{\varphi}) + (\psi\Delta\varphi - \varphi\Delta\psi)\,\overline{\varphi}$$
$$-\,2\,C\,(\psi\,\overline{\psi} - \varphi\,\overline{\varphi})\,\psi[1]. \tag{36b}$$

---

[1] *Zusatz bei der Korrektur.* Herr L. Landau hat mich unterdessen dankenswerterweise darauf aufmerksam gemacht, daß die hier dargestellte Einführung der Anisotropie mittels der ausschließlichen Berücksichtigung der Dipolglieder unkorrekt ist, da die oben gemachte Annahme, daß die x- und y-Komponenten der Magnetisierung relativ klein sind, gerade an den Grenzflächen verschieden magnetisierter Gebiete, auf die es hier ankommt, nicht zutrifft. Vielmehr liegt die richtige Begründung des magnetischen Zusatzgliedes in (35) gerade darin, daß es die *Anisotropieenergie selbst* darstellt, wie sie hauptsächlich durch die Wechselwirkung zwischen Spin und Bahn hervorgerufen wird, und die bei einem Kristall mit einer ausgezeichneten Achse in erster Näherung eben proportional m_z^2 ist. Die Dipolglieder verursachen dann einen im allgemeinen nur kleinen Zusatz derselben Form. Im übrigen können die folgenden Rechnungen un-

Zunächst zeigt die Hamiltonfunktion (35), daß natürlich der tiefste Wert der Energie jetzt nicht mehr, wie es ohne die magnetischen Kräfte der Fall ist, unabhängig von der Größe der z-Komponente der Gesamtmagnetisierung ist, sondern dann vorliegt, wenn diese am größten ist. In der Tat sieht man aus (35), daß für $\varphi = 0$, $\psi = 1$ oder $\varphi = 1$, $\psi = 0$ der energetisch günstigste Fall erreicht ist, indem dann die positiven Glieder in der Energie verschwinden, die negativen so groß wie möglich werden. Die Energie des ganzen Kristalles ist in diesem Falle offenbar

$$E_{\min} = -\frac{CV}{a^3},$$

wo V das Gesamtvolumen des Kristalls bedeutet.

Dieser Umstand, daß zwar strenggenommen der energetisch günstigste Zustand des Kristalls der gesättigte ist, bedeutet aber noch nicht, wie man vielleicht zunächst vermuten könnte, Remanenz. Es läßt sich nämlich aus (35) sofort ablesen, daß sich der Kristall schon mit praktisch verschwindendem Energieaufwand ummagnetisieren läßt, sofern der Ummagnetisierungsvorgang so stattfinden kann, daß sich lediglich die Grenzen zwischen Gebieten verschiedener Magnetisierungsrichtung verschieben und dieser Verschiebung keine besonderen energetischen Störungen im Wege liegen.

Nimmt man nämlich eine solche Gruppierung der Spins zu Gebieten an, die in ihrem Innern homogen und bis zur Sättigung magnetisiert sind, so liefert die Integration über das Innere der Gebiete, genau wie im Falle der Sättigung, den Minimalwert der Energie. Übrig bleibt nur ein Anteil von den Begrenzungen der Gebiete, der aus zwei Gründen einen *Energieaufwand* bedeutet. Einmal wird der negative magnetische Anteil der Energie verringert, da in der Übergangszone zwischen zwei entgegengesetzt orientierten Gebieten $(\varphi\overline{\varphi} - \psi\overline{\psi})^2$ unterhalb seines Maximalwertes 1 liegen muß. Außerdem aber tritt noch von den Austauschgliedern ein positiver Beitrag auf; in der Tat verschwindet der Integrand des ersten Integrals in (35), wie wir oben gezeigt haben, nur an denjenigen Stellen, wo die Spindichte örtlich konstant ist, also sicher nicht an den Grenzzonen, wo $\varphi\overline{\varphi} - \psi\overline{\psi}$ von $+1$ nach -1 übergeht.

---

verändert übernommen werden, nur muß bedacht werden, daß die Anisotropiekonstante C nicht gerade gleich $\dfrac{2\,\pi\mu^2}{3\,a^3}$, wohl aber von derselben Größenordnung ist und direkt dem Experiment entnommen werden kann, indem man die Richtungsabhängigkeit der Magnetisierbarkeit bei starken Feldern mißt.

Man sieht ferner, daß dieser Betrag um so kleiner ist, je kleiner $\varphi \psi_x - \psi \varphi_x$, d. h. nach § 3, je kleiner der Gradient der Spindichten ist. Um also den Austauschanteil sehr klein zu machen, müßte der Übergang zwischen Gebieten verschiedener Magnetisierung sehr allmählich erfolgen. Umgekehrt hätte man aber dann sehr viel magnetische Energie aufzuwenden, da dann in einem großen Volumen $(\varphi \overline{\varphi} - \psi \overline{\psi})^2$ merklich kleiner als Eins wäre. Man kann den Sachverhalt so ausdrücken, daß die magnetischen Kräfte möglichst scharfe, die Austauschkräfte möglichst unscharfe Begrenzungen zu schaffen trachten. Zwischen beiden wird sich natürlich ein Gleichgewicht einstellen, so daß die Energie zu einem Minimum wird. Die Frage, wie die Übergangszonen beschaffen sind, ist dann gleichbedeutend mit dem Aufsuchen stationärer Lösungen von (36), d. h. solcher, die von der Zeit nur durch einen Faktor $e^{\frac{2\pi i}{h} E t}$ abhängen.

Solche Lösungen allgemein anzugeben, dürfte wohl kaum möglich sein. Wir wollen uns die Verhältnisse vereinfachen, indem wir annehmen, daß ein Teil einer Begrenzungsfläche angenähert als eben betrachtet werden darf, so daß wir uns das dreidimensionale Problem durch ein eindimensionales ersetzen dürfen. Die Begrenzung möge parallel der y–z-Ebene laufen (z = Magnetisierungsrichtung) und wir fragen nach der örtlichen Veränderung der Magnetisierung in der x-Richtung.

Ferner wollen wir eine strenge Lösung nur für den Fall suchen, wo die Dichte der einen Spinsorte noch sehr klein gegenüber der anderen ist, d. h. wo z. B. φ als sehr klein, ψ als angenähert gleich Eins angenommen werden darf.

Ähnlich wie in § 3 braucht man dann nur die Gleichung

$$\frac{h}{2\pi i}\frac{d\varphi}{dt} = -Ja^2 \Delta \varphi + 2C(1 - \varphi\overline{\varphi})\varphi \tag{37}$$

zu betrachten. Man kann sie so interpretieren, daß zu der „kinetischen" Energie des Austausches noch eine potentielle magnetische Energie hinzutritt, die durch die Spinverteilung bestimmt ist. Das Problem ist, eine „selfconsistent solution" im Hartreeschen Sinne zu finden.

Sei nun

$$\varphi = u \cdot e^{\frac{2\pi i}{h} E t},$$

wo u eine reelle, zeitunabhängige Funktion von x allein ist, so wird aus (37)

$$\frac{d^2 u}{d x^2} + (\lambda u^2 - \varepsilon) u = 0, \tag{38}$$

wobei zur Abkürzung

$$\lambda = \frac{2C}{Ja^2}, \qquad \varepsilon = \lambda - \frac{E}{Ja^2}$$

gesetzt ist. Man findet sofort eine im Unendlichen verschwindende Lösung von (38) in der Form

$$u = \frac{A}{ch\, b\,(x - x_0)}, \qquad (39)$$

wenn

$$A = \sqrt{\frac{2\varepsilon}{\lambda}}, \qquad b = \sqrt{\varepsilon}.$$

(39) stellt den Querschnitt durch eine Spingruppe dar, die überall nur sehr wenige, nach rechts orientierte Spins enthält und gibt natürlich wegen dieser Annahme nicht eigentlich den Übergang von einer gesättigten nach rechts zu einer gesättigten nach links orientierten Gruppe. Dennoch wollen wir zur ungefähren Orientierung annehmen, daß in der Mitte der Gruppe die Maximaldichte der nach rechts orientierten Spins tatsächlich den Maximalwert Eins erreiche. D. h. wir setzen $A = 1$.

Daraus folgt

$$\varepsilon = \frac{\lambda}{2}, \qquad b = \sqrt{\frac{\lambda}{2}} = \frac{1}{a}\sqrt{\frac{C}{J}}, \qquad (40)$$

$$E = Ja^2 \frac{\lambda}{2} = C.$$

Natürlich stellt E nicht etwa den Energieinhalt der ganzen Gruppe, sondern größenordnungsmäßig nur die Energie eines einzigen, nach rechts orientierten Spins dar. Um die tatsächliche Energie der Gruppe pro Oberflächeneinheit zu bestimmen, hat man vielmehr das Integral

$$\Delta E = \int \left\{ \frac{J}{a}\left(\frac{du}{dx}\right)^2 - \frac{C}{a^3}(1-u^2)^2 \right\} dx + \frac{C}{a^3}\int dx$$

zu berechnen. Das letzte Integral muß zugefügt werden, um die Energie der im ganzen übrigen Kristall nach links orientierten Spins zu kompensieren, da ΔE nur den Energie*zuwachs* infolge der betrachteten Spingruppe darstellen soll. Man findet mit Benutzung von (39) und (40) leicht:

$$\Delta E = \frac{8}{3}\frac{J\lambda}{a}\sqrt{\frac{2}{\lambda}} = \frac{8}{3}\frac{2C}{a^3}a\sqrt{\frac{J}{C}}. \qquad (41)$$

Was uns an den obigen Rechnungen interessant und qualitativ auch für die tatsächlich vorkommenden Spingruppen richtig erscheint, ist erstens der Umstand, daß die Spindichte einer Gruppe exponentiell nach außen abfällt. Zweitens aber erhalten wir eine Angabe über die Dicke der

Grenzzonen und die in ihnen enthaltene Energie. Nach (39) ändert sich nämlich die Spindichte u^2 innerhalb einer Strecke der Größenordnung

$$\delta = \frac{1}{b} = a\sqrt{\frac{J}{C}} \tag{42}$$

von Null auf Eins. Nun entspricht die magnetische Energie C ungefähr der Temperatur 1^0 abs., J der Curietemperatur von der Größenordnung 1000^0. Wir erhalten also

$$\delta \cong a\sqrt{1000} \cong 30 \text{ Atomabstände}$$

für die ungefähre Dicke der Grenzzonen zwischen Gebieten entgegengesetzter Magnetisierung. Die zugehörige Energie pro Flächeneinheit ist dann größenordnungsmäßig nach (41) gegeben durch

$$\Delta E \cong \frac{C}{a^3}\delta \cong \frac{C}{a^2} \cdot 30, \tag{43}$$

d. h. die Energie einer Grenzzone kann angenähert so bestimmt werden, daß innerhalb ihr der in den gesättigten Gebieten auftretende negative magnetische Zusatz zur Energie wegfällt.

Die hier gefundene ungefähre Dicke der Grenzzonen ist keineswegs eine Konsequenz der hier gemachten vereinfachenden Annahmen, sondern sie dürfte bei jeder Rechnungsweise herauskommen und folgt schon aus Dimensionsgründen aus den Gleichungen (36).

Eine einfache Darstellung der Verhältnisse auf anderem Wege erhält man auch dadurch, daß man in (35) für φ und ψ bestimmte, von einem oder mehreren Parametern abhängige Funktionen einsetzt und die Parameter so bestimmt, daß die Variation des Integrals (35) verschwindet.

Einen sehr einfachen derartigen Ansatz erhält man, wenn man von dem exponentiellen Abklingen der Spindichten absieht und setzt

$$\varphi = \sin\frac{x}{\alpha}, \quad \psi = \cos\frac{x}{\alpha}, \quad \text{für } 0 < x < \frac{\alpha\pi}{2},$$
$$\varphi = 0, \quad \psi = 1, \quad \text{für } x < 0,$$
$$\varphi = 1, \quad \psi = 0, \quad \text{für } x > 0.$$

Der zunächst offengelassene Parameter α bestimmt dann die ungefähre Dicke der Grenzschicht. Integriert man über die Grenzschicht, so wird aus (35)

$$\Delta E = \frac{\pi}{2}\frac{J}{a\alpha} - \frac{C\alpha}{a^3}\int_0^{\pi/2}(\cos^2 2\zeta - 1)\,d\xi,$$
$$= \frac{\pi}{2}\frac{J}{a\alpha} + \frac{\pi}{4}\frac{C\alpha}{a^3},$$

und dies hat sein Minimum für

$$\alpha = a\sqrt{\frac{2J}{C}} = \delta\sqrt{2},$$

nämlich

$$\Delta E = \frac{\pi C \alpha}{2 a^3}\alpha = \frac{\pi C}{\sqrt{2} \cdot a^2}\frac{\delta}{a}$$

in Übereinstimmung mit den oben gefundenen Größenordnungen[1]).

Will man nun neben der hier diskutierten Beschaffenheit ihrer Grenzfläche noch etwas über die wahrscheinlichste Form der Elementargebiete erfahren, so hat man wesentlich den entmagnetisierenden Einfluß der Grenzflächen zu berücksichtigen. Solange man ihn, wie dies bisher geschehen ist, vernachlässigt, würde ein Gebiet gegebenen Volumens in der energetisch günstigsten Situation natürlich Kugelgestalt annehmen, da dies einem Minimum der oben diskutierten Oberflächenenergie entspräche. Durch den entmagnetisierenden Einfluß kommt nun aber eine sehr große positive Energie, nämlich $2\pi/3\, V I^2$ hinzu, wo V das Volumen der Kugel bedeutet, und es ist offenbar, daß dann die Kugel nicht mehr den

---

[1]) Herr Prof. Heisenberg hat mich freundlichst darauf aufmerksam gemacht, daß sich das Minimalproblem auch dann noch streng behandeln läßt, wenn man zur Konkurrenz alle reellen Funktionen φ und ψ zuläßt, die der Bedingung $\varphi\bar{\varphi} + \psi\bar{\psi} = 1$ genügen. Man setze nämlich $\varphi = \sin y(x)$; $\psi = \cos y(x)$, wo $y(x)$ eine vorläufig noch unbekannte reelle Funktion ist, so muß nach (35) gelten

d. h.
$$\delta\int\left\{\frac{J}{a}\left(\frac{dy}{dx}\right)^2 - \frac{C}{a^3}\cos^2 2y\right\}dx = 0,$$

$$\frac{d^2 y}{dx^2} = \frac{1}{\delta^2}\sin 4 y,$$

wenn wieder

$$\delta = a\sqrt{\frac{J}{C}}$$

gesetzt ist. Man überzeugt sich leicht, daß

$$y = \frac{1}{4}\arccos\left(2\,th^2\frac{2x}{\delta} - 1\right),$$

d. h.
$$\varphi = \sqrt{\frac{1}{2}\left(1 + th\frac{2x}{\delta}\right)}; \qquad \psi = \sqrt{\frac{1}{2}\left(1 - th\frac{2x}{\delta}\right)}$$

eine der Randbedingung ($\varphi = 0$ für $x = -\infty$; $\varphi = 1$ für $x = +\infty$) genügende Lösung darstellt. Die zugehörige Energie pro Flächeneinheit ist dann

$$\Delta E = \int\left\{\frac{J}{a}\left(\frac{dy}{dx}\right)^2 + \frac{C}{a^3}\sin^2 2y\right\}dx = \frac{2J}{a\delta} = \frac{2C}{a^2}\frac{\delta}{a},$$

d. h. noch um einen Faktor $\pi/2\sqrt{2}$ kleiner, als die oben berechnete.

energetisch günstigsten Fall darstellt, sondern ein in der Magnetisierungsrichtung langgestreckter Körper.

Ohne hier auf das strenge Minimalproblem einzugehen, wollen wir die Dimensionen für den Spezialfall eines langgestreckten Rotationsellipsoides abschätzen. Die Entmagnetisierungsenergie eines Rotationsellipsoides mit dem Achsenverhältnis $a/b \gg 1$ ist größenordnungsmäßig $I^2 b^4/a$, die Oberflächenenergie nach dem Obigen $\delta I^2 \cdot ab$, wo I die Magnetisierung pro Volumeneinheit bedeutet. Bei gegebenem Volumen $V \cong ab^2$ hat ihre Summe ein Minimum, wenn

$$b \cong (\delta V^2)^{1/7}, \qquad a \cong \left(\frac{V^3}{\delta^2}\right)^{1/7},$$

d. h. wenn
$$\frac{a}{b} \cong \left(\frac{V}{\delta^3}\right)^{1/7}.$$

D. h. je größer die Elementargebiete sind, und desto mehr infolgedessen die Dicke der Oberfläche gegen ihre Lineardimensionen vernachlässigt werden kann, desto langgestreckter werden sie im Zustand niedrigster Energie sein. Das Volumen $V \cong ab^2$ eines solchen Gebietes steht mit seiner Oberfläche $F \cong ab$ in der Beziehung $V \cong (F^7 \delta)^{1/5}$.

Obwohl, wie wir gesehen haben, zur Bildung verschieden magnetisierter Elementargebiete stets Energie, nämlich zumindest ihre Oberflächenenergie zugeführt werden muß, werden bei endlichen Temperaturen doch noch immer mit einer gewissen Wahrscheinlichkeit solche Elementargebiete vorkommen. Die Frage nach ihrer wahrscheinlichsten Form, Zahl und Größe führt auf ein sehr verwickeltes statistisches Problem und wir müssen uns hier mit den rohesten Abschätzungen begnügen.

Zunächst stellen wir fest, daß bei den energetisch nicht allzu ungünstig geformten Gebieten nach dem Obigen Entmagnetisierungs- und Oberflächenenergie zusammen zur Bildung länglicher Gebiete führen mit der ungefähren Energie

$$F \Delta E \cong \frac{F \delta C}{a^3},$$

wo F die Oberfläche des Gebietes und δ die oben besprochene Dicke der Grenzschicht bedeutet. Die Wahrscheinlichkeit, solche Gebiete anzutreffen, wird also mit einem Boltzmannfaktor

$$e^{-\frac{F \delta C}{a^3 k T}}$$

auftreten. Zu multiplizieren ist dieser Faktor noch mit der a priori-Wahrscheinlichkeit. Diese wird erstens bedingt durch die verschiedenen möglichen

Lagen des Gebietes im Kristall, zweitens durch seine verschiedenen möglichen Formen. Eine auch nur einigermaßen strenge Formel für den Einfluß des letzteren Umstandes anzugeben, erscheint sehr schwierig. Wir wollen hier annehmen, daß die ganze freie Energie eines Elementargebietes an einer bestimmten Stelle des Kristalls proportional seiner Oberfläche ist, d. h. für die a priori-Wahrscheinlichkeit eines Gebietes der Oberfläche F e^{cF} ansetzen, wo c eine positive Konstante von der Größenordnung $1/\delta^2$ sein wird. Was die a priori-Wahrscheinlichkeit infolge verschiedener Lagen eines Elementargebietes im Kristall betrifft, so ist zu bemerken, daß nur solche Lagen als statistisch verschieden betrachtet werden können, bei denen sich die Lage eines bestimmten Punktes, etwa des Schwerpunktes eines Gebietes um eine Strecke der Größenordnung δ unterscheidet, da die Lage der Gebiete ja gar nicht schärfer definiert werden kann.

Wir beziehen uns hier zunächst auf den Fall, wo wir uns in der Nähe der Sättigung befinden, d. h. wo das Gesamtvolumen etwa der nach rechts orientierten Gebiete relativ klein ist, so daß sie als abgeschlossene Gruppen innerhalb einer entgegengesetzt orientierten Umgebung betrachtet werden dürfen. Der Fall tritt ein, wenn ein gewisses, wenn auch schwaches äußeres Magnetfeld H herrscht, in dem noch die Energie HIV im Exponenten des Boltzmannfaktors hinzuzutreten hat. V wird dabei im Mittel eine gewisse Funktion von F sein. Etwa im oben besprochenen Falle großer und langgestreckter rotationsellipsoidischer Gebiete wird man etwa setzen dürfen

$$V(F) \cong (F^7 \delta)^{1/5}.$$

Wir werden also für die Wahrscheinlichkeit, N-Gebiete, deren Oberfläche zwischen F und $F + dF$ liegt, ansetzen dürfen

$$W(F) dF \cong \binom{V/\delta^3}{N} e^{N\left\{\left(c - \frac{\delta C}{a^3 kT}\right)F - \frac{HIV(F)}{kT}\right\}} \Phi(F) dF. \quad (44)$$

Dabei kann $\Phi(F)$ noch sehr wohl etwa in Form irgendeiner Potenz von F abhängen. Die Antwort auf die Frage nach dem Gesamtvolumen der Elementargebiete bei gegebenem äußeren Feld in ihrer Abhängigkeit von der Temperatur wird ganz von der Form dieser Funktion $\Phi(F)$ abhängen, so daß wir hierüber keine Aussagen machen können. Jedenfalls scheint es nach den Messungen von Kaya an Kobalteinkristallen, daß bei sehr schwachen Feldern und gewöhnlicher Temperatur diese Gebiete insgesamt noch etwa 10% des Gesamtvolumens ausmachen.

In dem Ansatz (44) für die Wahrscheinlichkeit ist die Konsequenz enthalten, daß in schwachen Feldern oberhalb einer gewissen Temperatur die gesamte Oberfläche NF der Gebiete sich nicht zu verkleinern trachtet, d. h. bei gegebenem Volumen nach einer Bildung *großer* Spingruppen wirkt, sondern umgekehrt sich zu vergrößern trachtet, so daß dann überhaupt keine Spingruppen merklicher Größe mehr auftreten. Dieser Fall tritt ein, wenn

$$c > \frac{\delta C}{a^3 k T}, \quad \text{d. h.} \quad T > \frac{\delta C}{a^3 k c}.$$

Wenn, wie wir annehmen dürfen, $c \simeq 1/\delta^2$ ist, so erhalten wir für die kritische Temperatur

$$T_c \simeq \left(\frac{\delta}{a}\right)^3 \frac{C}{k} \simeq 30\,\Theta,$$

wo Θ der gewöhnliche Curiepunkt ist. D. h. dieser „Curiepunkt der Remanenz" T_c dürfte immer bei so hohen Temperaturen liegen, daß dort überhaupt kein Ferromagnetismus mehr auftritt, und sich daher der Beobachtung entziehe.

Aus (44) folgt für die wahrscheinlichste Zahl der Gebiete von der Oberfläche F

$$N(F) = \frac{V/\delta^3}{e^{\left(\frac{\delta C}{a^3 k T} - c\right) F + \frac{H I V(F)}{k T}} + 1}.$$

Während also bei normaler Temperatur die Zahl der Gebiete von der minimalen Oberfläche $\simeq \delta^2$ noch sehr erheblich ist, ist die Zahl erheblich größerer Gebiete schon außerordentlich klein und verschwindet exponentiell mit ihrer Oberfläche.

Der Mechanismus der thermischen Gleichgewichtseinstellung ist bis heute noch sehr wenig untersucht. Wie immer er aber stattfindet, dürfen wir aus den Versuchen von Sixtus und Tonks (l. c.), sowie aus dem Obigen wohl schließen, daß der Einstellungsprozeß, d. h. das Umklappen der Spins bei der Ummagnetisierung nur an den *Grenzflächen* verschieden orientierter Gebiete stattfindet.

Die Hypothese, die wir hier einführen wollen, ist nun die, daß, sobald von einem wohldefinierten Elementargebiet überhaupt gesprochen werden kann, d. h., sobald dieses in den Lineardimensionen mindestens von der Größe δ ist, von einem solchen Gebiet aus auch die Ummagnetisierung stattfinden kann, indem es auf Kosten seiner Umgebung unter der Wirkung des äußeren Magnetfeldes seine Grenzen immer weiter nach außen verschiebt und so gleichsam als „Keim" der Ummagnetisierung wirkt.

Haben wir es nun mit einem idealen Einkristall zu tun, so wird diesem Ausbreiten keinerlei Hindernis in den Weg gesetzt sein, d. h., sobald im

Kristall auch nur wenige hinreichend große Elementargebiete thermisch schon vorgebildet sind, und das äußere Feld sein Vorzeichen wechselt, werden diese Elementargebiete solange anwachsen, bis schließlich der ganze Kristall ummagnetisiert ist. Dieser Vorgang kann dann prinzipiell schon in beliebig schwachen Feldern vor sich gehen; die Stärke des Feldes bestimmt nur die *Geschwindigkeit* des Anwachsens, und es wird mithin, wie es auch beobachtet ist, in einem Einkristall von Remanenz oder Hysteresis keine Spur sein.

Es scheint uns an dieser Stelle wichtig, zu betonen, daß die hier vertretene Auffassung des Ummagnetisierungsprozesses in schwachen Feldern nicht einer *Drehung* des magnetischen Vektors s bei konstanter Größe entspricht, sondern daß dabei der Vektor s sich bis auf den Wert Null verkleinert, um dann mit entgegengesetzter Komponente in der Feldrichtung wieder anzuwachsen.

Um diesen anschaulichen Sachverhalt mathematisch zu formulieren, wollen wir annehmen, wir befänden uns in einem Stadium der Ummagnetisierung, bei dem ein Bruchteil γ des Gesamtvolumens aus homogen in der einen, ein Bruchteil $1-\gamma$ aus homogen in der anderen Richtung magnetisierten Gebieten besteht und von den Randeffekten an den Grenzflächen absehen. Nach (13') ist, wenn wir Eins gegen $Z/2$ vernachlässigen

$$\left(\frac{2\pi s}{h}\right)^2 \simeq \left(\frac{Z}{2}\right)^2 - \frac{1}{2}\sum_{s \neq t}|\varphi_s\psi_t - \psi_s\varphi_t|^2.$$

Nun ist im Innern der einen Gebiete $\varphi = 1$, $\psi = 0$, im Innern der anderen $\varphi = 0$, $\psi = 1$. In der Summe $\sum_{s \neq t}$ sind also nur diejenigen Glieder zu nehmen, bei denen das Atom s in einem Gebiet der einen, das Atom t in einem Gebiet der anderen Sorte liegt. Die Gesamtzahl der Atome ist Z und wir erhalten mithin

$$\left(\frac{2\pi s}{h}\right)^2 \simeq \left(\frac{Z}{2}\right)^2 - \gamma(1-\gamma)Z^2.$$

Sind die beiden Sorten in gleicher Stärke vertreten, d. h. ist $\gamma = 1/2$, so wird also in der Tat $s = 0$ und die Verkleinerung des Vektors s ist mit einem unter Umständen verschwindend kleinen, nämlich nur von den Grenzflächen herrührenden Energieaufwand begleitet.

Akulov hat bereits ein derartiges Verhalten der Magnetisierung vermutet und mit dem Namen „Schrumpfprozeß" versehen. Allderdings scheint uns die Bezeichnungsweise, solange man nicht an die dem Schrumpfprozeß notwendig zugrunde liegende Ausdehnung von Magnetisierungskeimen denkt, insofern unzweckmäßig, als sie mehr auf das mathematische Verhalten der ganz unanschaulichen Größe s, als auf den tatsächlichen physikalischen Vorgang der Ummagnetisierung hinweist.

Liegen nun durch innere Spannungen oder Verunreinigungen Störungen im Kristallaufbau vor, so können die Verhältnisse ganz anders liegen, als beim idealen Einkristall. Solange allerdings die einheitlich ausgebildeten Gebiete noch so groß sind, daß sie mit beträchtlicher Wahrscheinlichkeit einen oder mehrere Ummagnetisierungskeime enthalten, wird auch hier noch keine Remanenz auftreten. Dies dürfte z. B. der Fall bei dem polykristallinen sogenannten ,,weichen Eisen" sein.

Wenn aber die Störungen so zahlreich sind, daß sie die wenigen Ummagnetisierungskeime enthaltenden Bezirke ganz gegen ihre Umgebung abgrenzen, so werden sich die Keime zwar innerhalb eines Gebietes zunächst ausdehnen; sobald aber durch die Störung zum Weiterschieben der Grenzfläche eine gewisse Energie aufgebracht werden muß, wird diese stehenbleiben, und erst, wenn das äußere Feld stark genug ist, um die Energieschwelle zu überwinden, wird ein Barkhausensprung stattfinden, indem die Grenzfläche sich über einen oder mehrere Bezirke verschiebt, wobei immer an den Stellen kleinerer potentieller Energie eine irreversible Wärmeabgabe stattfindet. Dabei können die Störungen in zwei prinzipiell verschiedenen Weisen eine Rolle spielen.

Zunächst können, ähnlich wie in der von Becker diskutierten Weise, die Verzerrungen örtlich verschiedene Richtungen leichtester Magnetisierung schaffen.

Wir hatten bisher nur den einfachsten, z. B. beim hexagonalen Gitter des Kobalts vorliegenden Fall betrachtet, wo nur *eine* Richtung leichtester Magnetisierbarkeit vorliegt. Praktisch wichtiger ist der z. B. bei den kubischen Gittern von Eisen oder Nickel vorkommende Fall, wo *mehrere* gleichberechtigte Richtungen vorkommen. So sind im undeformierten Eisenkristall die Achsen $(1, 0, 0)$; $(0, 1, 0)$ und $(0, 0, 1)$ gleichberechtigte Richtungen leichtester Magnetisierbarkeit.

Hier hat man offenbar nicht nur das Fortschreiten der Grenzflächen zwischen Gebieten entgegengesetzt gerichteter Magnetisierung zu untersuchen, sondern auch zwischen solchen, in denen sich die Richtung der Magnetisierung um $90°$ unterscheidet.

Wir wollen hier als einfaches Beispiel den Fall betrachten, wo das äußere Feld in der $(0, 0, 1)$-Richtung wirke und die kristallographischen Hauptachsen als Achsen unseres Koordinatensystems wählen.

Solange der Kristall undeformiert ist, sind sowohl x-, wie y-, wie z-Richtung Richtungen leichtester Magnetisierbarkeit, und wir dürfen etwa annehmen, daß ein Gebiet I bereits in der Feldrichtung, ein Gebiet II aber noch senkrecht dazu, etwa in der y-Richtung magnetisiert sei. Ohne Deformation des Kristalls wird nun die Ummagnetisierung, d. h. das Vorschieben der Grenzfläche F zwischen I und II in der x-Richtung keinen Energieaufwand bedingen, da ja die Energie pro Volumeneinheit für die beiden Richtungen dieselbe ist.

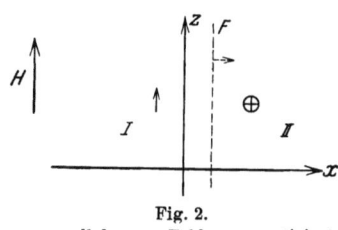

Fig. 2.
↟ = parallel zum Felde magnetisiert,
⊕ = senkrecht zum Felde magnetisiert.

Wir wollen nun annehmen, daß für $x > 0$ eine lokale Dehnung des Kristalls in der y-Richtung vorliege. Diese wird natürlich nicht plötzlich einsetzen, und wir wollen der Einfachheit halber annehmen, daß ihr Anstieg linear in der x-Richtung erfolge. D. h. wir wollen annehmen (vgl. die Bezeichnungsweise von Becker, l. c.):

$$\left.\begin{array}{ll} A_{22} = 0, & \text{für } x < 0, \\ A_{22} = \alpha x, & \text{für } 0 < x < \varDelta, \\ A_{22} = \alpha \varDelta, & \text{für } x > \varDelta, \\ A_{11} = A_{33} = A_{12} = A_{23} = A_{31} = 0. \end{array}\right\} \quad (45)$$

Für $x = 0$ bedeutet nun das Umklappen der Magnetisierung aus der y- in die z-Richtung nach Becker einen Energieverlust

$$\varDelta U = 6\,S\,I^2 A_{22} \qquad (46)$$

pro Volumeneinheit[1]). Dieser muß offenbar durch das äußere Feld kompensiert werden, d. h. die Gleichgewichtslage der Fläche F bestimmt sich aus der Gleichung

$$6\,S\,I^2 \alpha x = H\,I \qquad (47)$$

$$x = \frac{H}{6\,S\,I\,\alpha}. \qquad (48)$$

Solange $x < \varDelta$, d. h.

$$H < H_c = 6\,S\,I\,\alpha\,\varDelta, \qquad (49)$$

---

[1]) Berechnet man ihn aus der reinen Dipolwechselwirkung, so wird für Eisen S 0,4, für Nickel S 0,6. Dagegen liefert empirisch die Magnetostriktion für Fe einen dreimal größeren, für Ni sogar einen negativen Wert von S. Auf diese Diskrepanz mit der Erfahrung hat schon Becker hingewiesen. Wir möchten vermuten, daß ähnlich, wie für die Erklärung der Anisotropie (vgl. F. Bloch u. G. Gentile, l. c.) neben den Dipol- noch die Wechselwirkungen zwischen Spin und Bahn berücksichtigt werden müssen, um die tatsächlichen Verhältnisse zu verstehen.

erscheint die Fläche F „quasielastisch" an die Ruhelage $x = 0$ gebunden[1]) und man sieht auf diese Weise eine mögliche Erklärung für die bei schwachen Feldern auftretenden reversiblen Magnetisierungsprozesse mit endlicher Anfangssuszeptibilität. Sei O die gesamte Oberfläche pro Volumeneinheit der Grenzflächen der betrachteten Art, so bewirkt infolge des hier diskutierten Verschiebungsprozesses ein äußeres Feld H nach (48) ein Anwachsen der Magnetisierung pro Volumeneinheit um

$$\Delta M = O x I = \frac{OH}{6 S \alpha},$$

d. h. man erhält so eine Anfangssuszeptibilität

$$\chi_0 = \frac{\Delta M}{H} = \frac{O}{6 S \alpha}.$$

Natürlich hätte man, um die tatsächliche Anfangssuszeptibilität zu erhalten, noch über die verschiedenen Werte von α, sowie über die verschiedenen möglichen Lagen der kristallographischen Achsen und der Flächen F gegenüber dem äußeren Feld zu mitteln, von denen der oben besprochene nur einen ganz speziellen Fall darstellt. Es lohnt sich wohl kaum, ohne eine genauere Kenntnis der im Kristallinnern vorliegenden Verzerrungen näher auf diesen Punkt einzugehen. Jedenfalls möchten wir bemerken, daß im Gegensatz zu der von Becker diskutierten Drehvorstellung bei uns die Anfangssuszeptibilität nicht durch die Deformation selbst, sondern vielmehr durch ihren Gradienten, bzw. die Größe α, bestimmt wird.

Die Koerzitivkraft (49), nach deren Überschreiten durch das äußere Feld H das Gebiet II im oben diskutierten Beispiel in einem Barkhausensprung umklappt, ist von derselben Größenordnung, wie bei Becker, wenn man die Verzerrung $\alpha \Delta$ der bei ihm auftretenden mittleren Verzerrung Δ größenordnungsmäßig gleichsetzt. Indessen würde auch hier, im Gegensatz zu Becker, eine homogene Deformation keineswegs ein Anwachsen der Koerzitivkraft bedingen und auch die Experimente zeigen (vgl. z. B. Sixtus und Tonks, S. 956, l. c.), daß ein solches im allgemeinen nicht auftritt.

Wir möchten hier noch auf einen zweiten Umstand aufmerksam machen, durch den innere Störungen dem Ausbreiten der Grenzflächen verschieden magnetisierter Gebiete ein Hindernis bereiten können, der auch dann noch

---

[1]) Die hier skizzierte spezielle Möglichkeit einer Verknüpfung der „quasielastischen Bindungsenergie" der Grenzfläche mit der Spannung ist zuerst von Becker in einer Diskussion bemerkt worden. Überhaupt möchte ich hier manche interessanten Diskussionen über Remanenzfragen mit Herrn Prof. R. Becker, sowie den Herren F. Preisach und M. Kersten dankend erwähnen.

Remanenz und endliche Anfangssuszeptibilitäten hervorrufen kann, wenn etwa durch starken äußeren Zug bereits alle Richtungen leichtester Magnetisierbarkeit im Kristall praktisch zusammenfallen.

Wir haben gesehen, daß die Energie pro Flächeneinheit einer Grenzschicht im störungsfreien Kristall nach (48) gegeben ist durch

$$\Delta E \cong \frac{C}{a^3} \delta, \qquad (50)$$

und die Dicke der Schicht durch

$$\delta \cong a \sqrt{\frac{J}{C}}. \qquad (51)$$

Nehmen wir nun an, daß an einer Stelle im Kristall der Verband der Atome etwa durch eine lokale Dehnung gelockert sei. Das Austauschintegral wird ziemlich empfindlich von dem Abstand der Atome abhängen und jedenfalls an dieser Stelle kleiner sein. Liegt nun die Grenzschicht zwischen zwei entgegengesetzt magnetisierten Gebieten an einer solchen Stelle, so kann sie dort wesentlich schärfer sein, als im übrigen Kristall, d. h. nach (51) wird durch das Kleinerwerden des Austauschintegrals die Dicke δ und damit nach (50) auch die Energie ΔE pro Flächeneinheit der Grenzschicht kleiner, und es muß wieder erst durch das äußere Feld die nötige Energie aufgebracht werden, um das Weiterschieben der Grenzfläche in Gebiete größeren Austauschintegrals zu ermöglichen. Nimmt man, ähnlich, wie im obigen Beispiel an, daß innerhalb einer Schicht $\Delta \gg \delta$ der Verlauf des Austauschintegrals gegeben ist durch

$$J = J_0, \qquad \text{für} \quad x < 0,$$
$$J = J_0 + \beta x, \qquad \text{für} \quad 0 < x < 0,$$
$$J = J_0 + \beta \Delta, \qquad \text{für} \quad x > 0, \qquad (\beta \Delta \ll J_0),$$

so sieht man leicht, daß die Koerzitivkraft, die zur Überwindung dieser Schicht nötig ist, gegeben ist durch

$$H_c = \frac{Ca}{\mu} \frac{\beta}{2} \sqrt{\frac{C}{J_0}}.$$

Es scheint, daß unter Umständen dieser Einfluß ebenso sehr von Bedeutung werden kann, wie der oben diskutierte. Auch hier wird natürlich für kleine Verschiebungen die Grenzfläche „quasielastisch" an ihre Gleichgewichtslage gebunden sein. Leider erlauben auch hier die komplizierten Verhältnisse keinen direkten Vergleich mit der Erfahrung.

Wir wollen hier noch eine Abschätzung geben, wie klein die einheitlich und störungsfrei ausgebildeten Gebiete etwa sein müssen, ehe man Remanenz erwarten darf. Nehmen wir an, daß wie bei den Einkristallen von Kaya, schon in sehr schwachen Feldern das Gesamtvolumen der Ummagnetisierungskeime noch etwa 10% des Kristallvolumens ausmacht, und daß es hauptsächlich von den kleinstmöglichen Ummagnetisierungskeimen mit dem ungefähren Volumen δ^3 herrührt. Dann wäre also schon in einem Gebiet mit den Lineardimensionen $\delta \sqrt[3]{10} \simeq 2\,\delta$ mit merklicher Wahrscheinlichkeit ein Ummagnetisierungskeim zu erwarten, d. h. die Kristallstörungen dürften im Mittel nicht mehr als etwa 60 Atomabstände voneinander entfernt sein, ehe man Remanenz erwarten könnte. Freilich können wir uns in dieser Abschätzung leicht um einen Faktor 10 bis 100 geirrt haben, da es möglich ist, daß doch erst größere Gebiete brauchbare Ummagnetisierungskeime abgeben können, und ihre Zahl exponentiell mit der Größe abnimmt.

Jedenfalls müßten wir erwarten, daß mit abnehmender Temperatur immer mehr auch Kristalle mit weiter entfernten Störungsstellen Remanenz zeigen müßten. Es wäre deshalb interessant, wenn man experimentell die Remanenzerscheinungen auch bei tieferen Temperaturen genauer untersuchen würde.

Herrn Prof. Heisenberg sei an dieser Stelle herzlich für manche Diskussionen gedankt. Ebenso danke ich dem Brügger-Fonds der Stadt Zürich sowie dem Hochschulstipendienfonds des Kantons Zürich für die Ermöglichung meines Aufenthaltes in Leipzig während des Entstehens dieser Arbeit.

Leipzig, Institut für theoretische Physik der Universität.

MIX
Papier aus verantwortungsvollen Quellen
Paper from responsible sources
FSC® C105338

If you have any concerns about our products,
you can contact us on
ProductSafety@springernature.com

In case Publisher is established outside the EU,
the EU authorized representative is:
**Springer Nature Customer Service Center GmbH
Europaplatz 3, 69115 Heidelberg, Germany**

Printed by Libri Plureos GmbH
in Hamburg, Germany